Karsten Fuchs

Ein Beitrag zur Optimierung der elektrischen Feldstärkeverteilung in LDPE unter HGÜ-Beanspruchung

Ilmenauer Beiträge zur elektrischen Energiesystem-, Geräte- und Anlagentechnik (IBEGA)

Herausgegeben von
Univ.-Prof. Dr.-Ing. Dirk Westermann
(Fachgebiet Elektrische Energieversorgung) und
Univ.-Prof. Dr.-Ing. Frank Berger
(Fachgebiet Elektrische Geräte und Anlagen)
an der Technischen Universität Ilmenau.

Band 32

Karsten Fuchs

Ein Beitrag zur Optimierung der elektrischen Feldstärkeverteilung in LDPE unter HGÜ-Beanspruchung

Universitätsverlag Ilmenau

2021

Impressum

Bibliografische Information der Deutschen Nationalbibliothek
Die Deutsche Nationalbibliothek verzeichnet diese Publikation in der Deutschen Nationalbibliografie; detaillierte bibliografische Angaben sind im Internet über http://dnb.d-nb.de abrufbar.

Diese Arbeit hat der Fakultät für Elektrotechnik und Informationstechnik der Technischen Universität Ilmenau als Dissertation vorgelegen.

Tag der Einreichung:	13. Mai 2020
1. Gutachter:	Univ.-Prof. Dr.-Ing. Frank Berger (Technische Universität Ilmenau)
2. Gutachter:	Prof. Dr.-Ing. Andreas Küchler (Hochschule Würzburg-Schweinfurt)
3. Gutachter:	Prof. Dr.techn. Stefan Kornhuber (Hochschule Zittau/Görlitz)
Tag der Verteidigung:	29. Juli 2021

Technische Universität Ilmenau/Universitätsbibliothek
Universitätsverlag Ilmenau
Postfach 10 05 65
98684 Ilmenau
https://www.tu-ilmenau.de/universitaetsverlag

ISSN 2194-2838
ISBN 978-3-86360-248-2 (Druckausgabe)
DOI 10.22032/dbt.49426
URN urn:nbn:de:gbv:ilm1-2021000234

Danksagung

Die vorliegende Arbeit entstand während meiner Tätigkeit als wissenschaftlicher Mitarbeiter für Hochspannungstechnik im Fachgebiet „Elektrische Geräte und Anlagen" unter Leitung von Herrn Univ.-Prof. Dr.-Ing. Frank Berger an der Technischen Universität Ilmenau. Ausdrücklich richte ich an ihn meinen Dank für die Anstellung im Fachgebiet sowie die Ideen und sein Interesse an dieser Arbeit, seine Betreuung und Unterstützung sowie die gemeinsamen Diskussionen während der Kolloquien und Besprechungen.

Weiterhin danke ich den Herren Prof. Dr.-Ing. Andreas Küchler (Fachhochschule Würzburg-Schweinfurt) und Prof. Dr.techn. Stefan Kornhuber (Hochschule Zittau/Görlitz) für die Begutachtung dieser Arbeit sowie die gemeinsamen Diskussionen und wertvollen Hinweise.

Zudem richtet sich mein besonderer Dank an den leider viel zu früh verstorbenen Kollegen Dr.-Ing. Wolfgang G. Büntig vom Fachgebiet „Theoretische Elektrotechnik" unter Leitung von Herrn Univ.-Prof. Dr.-Ing. Hannes Töpfer. Durch diese Kooperation und die regen Diskussionen entstand ein wichtiger Beitrag zur analytischen Modellierung von Raumladungen in Form einer neuen Ansatzfunktion.

Den Herren M. Sc. Matthias Bruchmüller vom Fachgebiet „Kunststofftechnik" sowie M. Sc. René Böttcher vom Fachgebiet „Elektrochemie und Galvanotechnik" danke ich ausdrücklich für die Zusammenarbeit in der Herstellung der polymeren Probekörper sowie der messtechnischen Bestimmung der Ultraschallgeschwindigkeit mittels Impuls-Echo-Verfahren.

Weiterhin gilt mein besonderer Dank den Herren Prof. Dr.-Ing. Markus Zink und M. Eng. Christian Dotterweich von der Fachhochschule Würzburg-Schweinfurt. Durch die Zusammenarbeit bei den Messungen der Raumladungsdichteverteilung mittels PEA-Verfahren konnten wichtige Aspekte zur Modellierung der Raumladungsdichteverteilung sowie zur messtechnischen Qualifizierung der Compounds realisiert werden.

Zudem möchte ich mich im Besonderen bei meiner Kollegin und meinen Kollegen des Fachgebiets für die hervorragende Zusammenarbeit bedanken. Dabei gilt mein besonderer Dank Herrn René Apel, der mich als Laboringenieur im Rahmen von zahlreichen Messungen tatkräftig unterstützte.

Abschließend und nicht zuletzt möchte ich meinen Eltern für die Verwirklichung meiner akademischen Laufbahn, ihrer stetigen Unterstützung sowie die Geduld während meines Promotionsvorhabens danken. Diese Unterstützung und Nachsicht haben maßgeblich zum Gelingen meiner Promotion und zur Verwirklichung meiner beruflichen Ziele beigetragen. Ebenso geht ein besonderer Dank an Katharina, die durch ihr persönliches Engagement in zahlreichen Stunden die vorliegende Arbeit hinsichtlich Rechtschreibung, Grammatik, Zeichensetzung und Formatierung korrekturgelesen hat.

Kurzfassung

International etabliert sich die Hochspannungsgleichstromübertragung (HGÜ) für Spannungen bis $1,2\,MV$ aufgrund von zunehmenden Übertragungsstrecken zwischen Kraftwerken und Verbrauchern immer mehr zum Stand der Technik. National rückt die HGÜ aufgrund des politisch motivierten Ausbaus der erneuerbaren Energien und des damit verbundenen Aus- und Umbaus des Höchstspannungs-Übertragungsnetzes für Spannungen bis $525\,kV$ in den Fokus. Dabei sind neue Übertragungsstrecken vorzugsweise als Trassen aus polymeren Kabeln zu realisieren.

In Isolierstoffen von HGÜ-Kabelsystemen stellt sich im stationären Zustand ein elektrisches Strömungsfeld ein, das von der vorherrschenden elektrischen Leitfähigkeit der jeweiligen Isolierstoffe beeinflusst wird. Diese elektrische Leitfähigkeit wird durch die temperatur- und feldstärkeabhängige Entwicklung von Raumladungen in der Isolation bestimmt. Diese Effekte führen zu einer Veränderung und Umkehr der elektrischen Feldstärkeverteilung im Isolationsmaterial. Deshalb müssen bei der Auslegung von HGÜ-Komponenten hinsichtlich der Betriebsspannung neben den Permittivitäten auch die elektrischen Leitfähigkeiten und die Neigungen zur Akkumulation von Raumladungen der einzelnen Isolierstoffe betrachtet werden.

Das Augenmerk der vorliegenden Arbeit richtet sich auf Compounds mit vernetztem Polyethylen (LDPE) als Basispolymer und unterschiedlichen Füllstoffanteilen von hexagonalem Bornitrid (h-BN) bis maximal 20 Vol.-$\%$. Es zeigt sich, dass durch eine höhere Wärmeleitfähigkeit bis $\approx 1\,W/mK$ des Compounds eine verbesserte Abfuhr der Stromwärmeverluste des Innenleiters ermöglicht wird. Weitere Messungen bis $80^\circ\,C$ belegen, dass die elektrische Leitfähigkeit der Compounds stets kleiner ist als des Basispolymers LDPE. Zudem ist eine deutliche Vergrößerung der elektrischen Durchschlagsspannung der Compouds gegenüber LDPE gemessen wurden. Eine signifikante Akkumulation von Raumladungen ist weder für LDPE noch für die Compounds bei einer mittleren elektrischen Betriebsfeldstärke von $15\,kV/mm$ mittels PEA-Verfahren (gepulstes elektroakustisches Verfahren) nachzuweisen. Anhand der gemessenen thermoanalytischen und dielektrischen Parameter in Abhängigkeit der Temperatur und elektrischen Feldstärke ist die grundsätzliche Eignung dieser Compounds als ein möglicher optimierter HGÜ-Isolierstoff festgestellt wurden. Jedoch wurden keine Alterungs- und Langzeiteffekte berücksichtigt.

Abstract

Internationally, high voltage direct current (HVDC) transmission systems for voltages up to $1.2\,MV$ is becoming more and more established as the state of the art due to increasing transmission distances between power stations and consumers. At the national level, HVDC is coming into focus due to the politically motivated expansion of renewable energies and the associated expansion and conversion of the extra-high voltage transmission grid for voltages up to $525\,kV$. New transmission lines should preferably be realized as polymer cable lines.

In the insulating materials of HVDC cable systems, an electrical flow field is established in the steady state, which is influenced by the prevailing electrical conductivity of the respective insulating materials. This electrical conductivity is determined by the temperature- and field-strength-dependent development of space charges in the insulation. These effects lead to a change and reversal of the electric field strength distribution in the insulation material. Therefore, when designing HVDC components with respect to the operating voltage, the electrical conductivities and the tendencies to accumulate space charges of the individual insulation materials must be considered in addition to the permittivities.

The present work focuses on compounds with crosslinked polyethylene (LDPE) as base polymer and different filler contents of hexagonal boron nitride (h-BN) up to a maximum of 20 vol.-$\%$. It has been shown that a higher thermal conductivity up to $\approx 1\,W/mK$ of the compound enables an improved removal of the current heat losses of the inner conductor. Further measurements up to $80°\,C$ show that the electrical conductivity of the compounds is always smaller than that of the base polymer LDPE. In addition, a significant increase in the electrical breakdown voltage of the compouds compared to LDPE has been measured. No significant accumulation of space charges can be shown for LDPE or the compounds at an average electrical operating field strength of $15\,kV/mm$ using the PEA method (pulsed electroacoustic method). On the basis of the measured thermoanalytical and dielectric parameters as a function of temperature and electric field strength, the basic suitability of these compounds as a possible optimized HVDC insulating material was determined. However, no ageing and long-term effects were taken into account.

Inhaltsverzeichnis

1 Einleitung **1**
1.1 Motivation . . . 1
1.2 Ziel der Arbeit und Vorgehensweise . . . 2

2 Stand der Erkenntnisse **5**
2.1 Entwicklung der Übertragungs- und Verteilnetzstruktur in Deutschland . . . 5
2.2 Hochspannungsgleichstromübertragung . . . 6
2.2.1 Umrichter-Technologien von HGÜ-Systemen . . . 6
2.2.2 Realisierte HGÜ-Projekte in Europa . . . 9
2.2.3 Ausführung des Übertragungsmediums für HGÜ-Systeme . . 10
2.3 Grundlagen zu gleichspannungsbeanspruchten polymeren Isolierstoffen . . . 13
2.3.1 Übersicht zur Beanspruchung von DC-Kabeln im Nennbetrieb 13
2.3.2 Wärmeübergangsmechanismen . . . 14
2.3.3 Resultierender Strom in polymeren Isolierstoffen unter Gleichspannungsbeanspruchung . . . 15
2.4 Ladungsträgerinjektion und Leitungsvorgänge . . . 17
2.4.1 Bändermodell für polymere Isolierstoffe . . . 17
2.4.2 Generation von Ladungsträgern . . . 20
2.4.3 Injektion von Ladungsträgern aus den Elektroden in das Polymer . . . 21
2.4.4 Prozesse zur Ladungsträgergeneration im Inneren des Isolierstoffs . . . 27
2.4.5 Haftstellenleitung . . . 29
2.5 Methoden zur elektrischen Feldstärkeberechnung . . . 31
2.5.1 Mathematisch-physikalische Feldmodellierung . . . 31
2.5.2 Lösungsansätze zur Feldberechnung . . . 35
2.5.2.1 Überblick . . . 35
2.5.2.2 Numerische Methoden . . . 37
2.6 Methoden zur Bestimmung der elektrischen Leitfähigkeit . . . 38
2.6.1 Messung des spezifischen Durchgangswiderstands für Feststoffe nach DIN EN 62631-3-1 (VDE 0307-3-1) . . . 38
2.6.2 Messung dielektrischer Systemeigenschaften für Feststoffe im Zeitbereich (PDC-Analyse) . . . 39
2.6.3 Empirische Ansätze . . . 42

2.7 Mathematisch-physikalische Berechnung der Temperaturverteilung . 45
2.7.1 Analoge Größen skalarer Potentialfelder 45
2.7.2 Relative Temperaturverteilung im Innenleiter 46
2.7.3 Relative Temperaturverteilung im Isolierstoff 47
2.7.4 Relative Temperaturverteilung im Umgebungsmedium 48
2.7.5 Absolute Temperaturverteilung vom Innenleiter zur Umgebung 49

3 Messung, Berechnung und Modellierung der Raumladungsdichteverteilung 53
3.1 Stand der Technik zur Messung und Akkumulation von Raumladungen 53
3.2 Messung der Raumladungsdichteverteilung an LDPE 57
3.3 Messung der Schallgeschwindigkeit mittels Impuls-Echo-Verfahren . 59
3.4 Empirische Ansatzfunktion zur Modellierung der Raumladungsdichte 61
3.4.1 Eigenschaften der Ansatzfunktion 61
3.4.2 Modellierung der elektrodennahen Raumladungen im Isolierstoff 63
3.4.3 Modellierung der Raumladungsdichteverteilung im Inneren des Isolierstoffs 65
3.4.4 Weitere Möglichkeiten zur Modellierung 66

4 Numerische elektrische Feldstärkeberechnung im polymeren HGÜ-Kabel 69
4.1 Aufbau des Modells und Materialparameter 69
4.2 Randbedingungen 70
4.3 Einfluss des Leiterstroms auf die elektrische Feldstärke 71
4.4 Einfluss der elektrischen und thermischen Leitfähigkeit 75

5 Untersuchungen an wärmeleitenden Compounds LDPE + h-BN 79
5.1 Eigenschaften von Compounds 79
5.2 Literaturrecherche zu Füll- und Zusatzstoffen 81
5.3 Patentrecherche zu Einsatz und Verwendung des Füllstoffs h-BN . . 85
5.4 Eigenschaften des Basispolymers LDPE und Füllstoffs h-BN 87
5.5 Herstellungsprozess der Compounds 89
5.6 Messtechnische Bestimmung thermoanalytischer Parameter 92
5.6.1 Dichte 92
5.6.2 Wärmekapazität 93
5.6.3 Wärmeleitfähigkeit mittels Nano-Flash-Verfahren 93

5.7 Messtechnische Bestimmung dielektrischer Parameter 96
5.7.1 Konditionierung der Probeplatten 96
5.7.2 Relative Permittivität 96
5.7.3 Elektrische Leitfähigkeit 97
5.7.4 Raumladungsdichteverteilung 99
5.7.5 Elektrische Durchschlagsspannung 100
5.8 Fazit zur Verwendung von Compounds aus LDPE und h-BN 103

6 Zusammenfassung 107

A Symbol- und Abkürzungsverzeichnis 133

B Anhang 137
B.1 Herstellungsprozess von extrudierten Energiekabeln aus VPE . . . 137
B.2 Leiterfertigung 137
B.3 Polymere: Isolierung und Leitschichten 138
B.4 Abschirmung 142
B.5 Ummantelung 142
B.6 Fazit zur HGÜ-Kabeloptimierung 142
B.7 Arten der Feldberechnung und Prinzip der Finiten-Elemente-Methode 144
B.8 Messergebnisse: Scheinbare elektrische Leitfähigkeit für $60° C$ . . . 147
B.9 Messergebnisse: Scheinbare elektrische Leitfähigkeit für $70° C$ . . . 148
B.10 Messergebnisse: Scheinbare elektrische Leitfähigkeit für $80° C$ . . . 149
B.11 Messergebnisse: Scheinbare elektrische Leitfähigkeit für $90° C$ . . . 150

1 Einleitung

1.1 Motivation

Der zunehmende Ausbau der erneuerbaren Energien und die damit verbundene Übertragung von größeren Leistungen über weite Distanzen bedingen in Europa eine Erhöhung der Übertragungskapazität durch einen Aus- und Umbau des bestehenden Übertragungsnetzes. Eine Möglichkeit zur Erhöhung der Übertragungskapazität besteht in der Errichtung von neuen Drehstromtrassen (mit Freileitungen, Kabeln oder gasisolierten Leitungen), welche je nach Übertragungsmedium nur bis zu einer spezifischen Länge wirtschaftlich eingesetzt werden können. Deshalb liegt der Fokus bei der Realisierung von noch größeren Übertragungsleistungen auf der Hochspannungsgleichstromübertragung (HGÜ). [1] (S. 81), [2] (S. 1)

Ein Vorteil der HGÜ gegenüber der konventionellen Drehstromtechnik besteht zum einen in den geringeren Übertragungsverlusten ab Strecken von etwa 400 - $500\,km$ bei Freileitungstrassen. Gleichspannungskabeltrassen (DC-Kabeltrassen) sind bereits ab etwa $50\,km$ wirtschaftlicher. Als mögliche HGÜ-Umrichtertechnologien werden die thyristorbasierte Line-Commutated-Converter-Technologie (LCC) mit einem Gleichstromzwischenkreis und die IGBT-basierte Voltage-Source-Converter-Technologie (VSC) mit einem Spannungszwischenkreis unterschieden. Bei der Errichtung eines Gleichspannungsnetzes in Deutschland wird die VSC-Technologie mit einer Nennspannung von $\pm 525\,kV$ bevorzugt, da mit dieser Technologie auch polymere Kabel aus vernetztem Polyethylen (LDPE - low-density polyethylene) als ein mögliches Übertragungsmedium eingesetzt werden können. Im Gegensatz zur LCC-Technologie wird die Verwendung solcher Kabel durch die Änderung der Strompolarität beim Wechsel der Energie- bzw. Leistungsflussrichtung ermöglicht. [2] (S. 5) Ein wesentlicher Vorteil von polymeren Gleichspannungskabeln ist die höhere zulässige Temperatur im Isolierstoff von $70°\,C$ gegenüber 50 - $55°\,C$ in masseimprägnierten Kabeln (MI-Kabel) [4]. Zudem sind polymere Kabel einfacher sowie kostengünstiger herstell- und verlegbar. Ein Nachteil dieser Kabel liegt jedoch in der Ausprägung von Raumladungen in Abhängigkeit der elektrischen Feldstärke infolge der anliegenden Nennspannung und thermischen (Verlust-) Energie, die durch die Stromwärmeverluste des Innenleiters verursacht wird. Neben einer Umkehr und Erhöhung des elektrischen Feldstärkemaximums (Feldinversion) führen die akkumulierten Raumladungen auch zu einer Veränderung der elektrischen Feldstärke in den elektrodennahen Gebieten des Isolierstoffs. Deshalb beträgt die höchste Übertragungsleistung von aktuellen HGÜ-Kabeltrassen etwa $1\,GW$ bei einer Nennspannung von $\pm 320\,kV$ und einem maximalen Betriebsstrom von $1,5\,kA$ (Inelfe-Trasse zwischen Frankreich und Spanien) [5].

Zur Erhöhung der Übertragungsleistung von polymeren Gleichspannungskabeln durch eine Steigerung der Betriebsnennspannung und/oder des Nennstroms sind prinzipiell zwei Ansätze möglich. Entweder kann eine Minimierung der elektrischen Leitfähigkeit durch eine Verbesserung der chemischen Reinheit des Isolierstoffs (z.B. [6]) realisiert werden oder die Zugabe von Zusatz-/Füllstoffen (Nanopartikeln) ([6], [7], [8]) beeinflusst die elektrische und/oder thermische Leitfähigkeit des Isolierstoffs. Beispielsweise existieren erste Prototypen für polymere HGÜ-Systeme bis $525\,kV$ von *nkt cables* (einst: ABB) ([9]) und *Prysmian Cables* ([10]), die für eine Zulassung jedoch noch strengen umfangreichen Präqualifikationstests unterliegen.

1.2 Ziel der Arbeit und Vorgehensweise

Bei der Hochspannungsgleichstromübertragung (HGÜ) werden die Isolierstoffe / Isolationssysteme der Komponenten, anders als bei der bisherigen Hochspannungs-Drehstromübertragung, elektrostatischen Feldern im Zuschaltmoment **und** elektrischen Strömungsfeldern im stationären Zustand infolge einer überlagerten Gleichspannungsbeanspruchung ausgesetzt. Dafür muss neben der relativen Permittivität zusätzlich die elektrische Leitfähigkeit dieser Materialien als relevante Einflussgröße (neben weiteren Materialparametern) auf die elektrische Feldstärkeverteilung im Isolierstoff betrachtet werden.

Im Fokus der vorliegenden Arbeit stehen Untersuchungen zur Reduzierung der elektrischen Feldstärke im Isolierstoff durch die Erhöhung der thermischen Leitfähigkeit des Basispolymers LDPE. Diese Modifizierung kann durch eine *Compoundierung* von LDPE mit hexagonalem Bornitrid (h-BN) als ein möglicher Füllstoff realisiert werden. Die im Rahmen der Arbeit durchgeführten theoretischen, simulativen und messtechnischen Untersuchungen orientieren sich an den nachfolgenden eigenen, wissenschaftlichen Fragestellungen:

(1) Wie kann die elektrische Feldstärkeverteilung im gleichspannungsbeanspruchten Isolierstoff berechnet werden? Welche Parameter beeinflussen signifikant die elektrische Feldstärkeverteilung und das Feldstärkemaximum in Isolierstoffen unter Hochspannungsgleichstrombeanspruchung?

Für die numerische Berechnung der elektrischen Feldstärkeverteilung, die bisher noch nicht direkt im Isolierstoff messtechnisch bestimmt werden kann, wurde ein gekoppeltes thermisch-elektrisches Simulationsmodell in *COMSOL Multiphysics* erstellt. Mittels Finite-Elemente-Methode (FEM) wurde die Verteilung der elektrischen Feldstärke für den Nennbetrieb eines HGÜ-Kabels berechnet und eine Analyse der relevanten Einflussparameter (Materialwerte) auf die elektrische Höchstfeldstärke vorgenommen (siehe **Kapitel 4**). Zur Berücksichtigung der im Betrieb akkumulierten Raumladungsdichteverteilung wird zur Vereinfachung eine **neue** empirische, geschlossene analytische Ansatzfunktion vorgestellt und verwendet (siehe **Kapitel 3**).

(2) Durch welche Füllstoffe können optimierte Compounds als mögliche Isolierstoffe für polymere HGÜ-Kabelsysteme mit den Anforderungen einer höheren thermischen Leitfähigkeit bei nahezu gleicher oder verringerter elektrischer Leitfähigkeit hergestellt werden?

Das Ziel einer höheren Betriebsspannung von polymeren HGÜ-Kabelsystemen wird auf dem europäischen Markt (bzw. durch die europäischen Kabelhersteller) überwiegend durch den Ansatz einer höheren chemischen Reinheit des Isolierstoffs verfolgt. Ausgehend vom Stand der Technik erfolgt eine Analyse zu Zusatz- und Füllstoffen in **Kapitel 5**. Im Rahmen dieser Arbeit richtet sich der Fokus auf wärmeleitende Compounds, die durch Zugabe von elektrisch isolierenden Füllstoffen hergestellt werden können. Diese weisen zur verbesserten Abfuhr der Stromwärmeverluste des Innenleiters eine höhere thermische Leitfähigkeit bei nahezu gleicher oder verringerter elektrischer Leitfähigkeit (im Vergleich zum ungefüllten Basispolymer LDPE) auf. Um eine Eignung dieser Compounds als mögliche Isolierstoffe für polymere HGÜ-Kabelsysteme bewerten zu können, wurden thermoanalytische und dielektrische Materialparameter an plattenförmigen Prüfkörpern mit $0, 5, 10, 15$ und 20 Vol.-$\%$ Füllstoffanteil h-BN messtechnisch bestimmt und bewertet (siehe **Kapitel 5**).

(3) Wie beeinflusst die Zugabe von hexagonalen Bornitrid-Partikeln (h-BN) die elektrische Leitfähigkeit der Compounds?

Um den Einfluss des Füllstoffs h-BN auf die elektrischen Leitungsvorgänge in den hergestellten Compounds zu bestimmen, wurde die elektrische Leitfähigkeit für Temperaturen von 50 bis $90\,^\circ C$ und elektrische Feldstärken von 8 bis $24\,kV/mm$ (jeweils in Abstufungen von $2\,kV/mm$) an Probeplatten mittels Schutzringordnung messtechnisch bestimmt (siehe **Kapitel 5.7.3**).

(4) Wie beeinflusst die Zugabe des Füllstoffs h-BN die elektrische Durchschlagsfestigkeit und die Akkumulation von Raumladungen in den Compounds im Vergleich zu ungefülltem LDPE?

Unter Gleichspannungsbeanspruchung hat die Temperatur einen großen Einfluss auf die elektrische Leitfähigkeit, welche die elektrische Feldstärkeverteilung und Durchschlagsfestigkeit bestimmt. Deshalb wird beabsichtigt, die messtechnische Bestimmung der Durchschlagsspannung zwischen zwei Kugelelektroden in Abhängigkeit von der Temperatur bis $100\,^\circ C$ vorzunehmen (siehe **Kapitel 5.7.5**).

Durch die Verwendung des gepulsten elektro-akustischen Verfahrens (PEA) wurde die Raumladungsdichteverteilung für LDPE und einem Compound aus LDPE mit 15 Vol.-$\%$ h-BN bei $20\,^\circ C$ für eine betriebsrelevante elektrische Feldstärke von $15\,kV/mm$ durchgeführt (siehe **Kapitel 3.1** und **5.7.4**).

(5) Wie können die elektrischen Leitungsvorgänge im Basispolymer LDPE unter Hochspannungsgleichstrombeanspruchung und in den Compounds dargelegt werden?

Auf Grundlage einer fundierten und umfassenden Literaturrecherche werden in **Kapitel 2** die Mechanismen in polymeren Materialien mit Hilfe des erweiterten Bändermodells nach Bauser dargelegt. Dabei wird überwiegend auf den Stand der Technik aus der Festkörperelektronik und der polymeren Kunststofftechnik zurückgegriffen. Aufbauend zu diesen Erkenntnissen und unter Berücksichtigung der Messergebnisse wird eine Hypothese zu Leitungsvorgängen in den Compounds abgeleitet.

2 Stand der Erkenntnisse

2.1 Entwicklung der Übertragungs- und Verteilnetzstruktur in Deutschland

Die konventionellen elektrischen Drehstromübertragungs- und -verteilnetze umfassen in Deutschland alle Hoch-, Mittel- und Niederspannungsnetze von den Kraftwerken bis zu den Verbrauchern in der Nieder- oder Mittelspannungsebene. Diese sind hauptsächlich als Freileitungs-, weniger als Kabel- und kaum als gasisolierte Leitungssysteme ausgeführt. Während die Netze in der Hochspannungsebene ($110\,kV$- und $220\,kV$-Systeme) zum Energietransport (Transportnetze) und in der Höchstspannungsebene ($380\,kV$) vorwiegend zur Energieübertragung über größere Entfernungen dienen (Übertragungsnetze), sollen Mittel- (mit $10\,kV$ und $20\,kV$) und Niederspannungsnetze ($230\,V/\ 400\,V$) die elektrische Energie lokal zum Verbraucher verteilen (Verteilnetze). [1] (S. 82 - 89)

Grundsätzlich können die realisierten Netzformen durch die nachfolgenden Grundstrukturen charakterisiert werden:

- Punkt-zu-Punkt-Verbindungen
- radial- oder strahlenförmige Netze
- Ringnetze
- Maschennetze. [1] (S. 82 - 89)

Eine Punkt-zu-Punkt-Verbindung ist eine Übertragungsstrecke zwischen zwei Netzknoten (z.B. Umspannwerk) und somit die einfachste Form eines elektrischen Netzes. Die Wahl der jeweiligen Netzform wird durch die Kriterien Versorgungssicherheit, Leistungsdichte der Verbraucher (in MW/km^2), Wirtschaftlichkeit, Möglichkeit zur Erweiterung, Einsatz standardisierter Betriebsmittel und Verluste bestimmt. Da keine der oben genannten Grundformen alle Kriterien optimal erfüllt, werden in der Praxis häufig Mischlösungen bevorzugt. Jedoch werden Hochspannungsnetze wegen der relativ kleinen Lastdichte und des hohen Bedarfs an Versorgungssicherheit häufig als Maschennetze ausgeführt. Mittelspannungsnetze werden vorwiegend als Ringnetze und Niederspannungsnetze als Strahlennetze realisiert. Neben dem Übertragungsnetz auf dem deutschen Festland existieren See-Kabelverbindungen in der Nord- und Ostsee, die zum Teil als erste Hochspannungsgleichstromübertragungsstrecken zur Anbindung von Windparks und zur Vernetzung mit dem skandinavischen Netz realisiert wurden. [1] (S. 82 - 90), [11]

Zukünftig wird sich die Struktur des bestehenden Übertragungs- und Verteilnetzes (in Deutschland und Europa) durch den politisch motivierten Ausbau der erneuerbaren Energien stark verändern. Durch die geplante Abschaltung aller deutschen Atomkraftwerke bis 2022 und Kohlekraftwerke bis 2038 werden die resultierenden Leistungsflussrichtungen stark beeinflusst. Diese Richtungen werden sich zukünftig durch die Errichtung von Windkraftanlagen (WKA), die sich hauptsächlich im Norden Deutschlands befinden, und Solarparks mit Photovoltaikanlagen im Süden Deutschlands überwiegend in Nord-Süd-Richtung einstellen, wofür die derzeitigen Hochspannungsdrehstromübertragungsnetze jedoch nicht ausgelegt sind. Deshalb existieren im aktuellen deutschen Netzentwicklungsplan drei Korridore ([11], [25]) für HGÜ-Trassen, die als überlagertes Gleichspannungssystem (*Overlay-Netz*) zur Energieübertragung zu Last- und Verbraucherschwerpunkten errichtet werden sollen. Der Betrieb wird mit einer Nennspannung von $\pm 525\,kV$ angestrebt.

Nach einem Beschluss des deutschen Bundestags ([24]) sollen diese DC-Systeme vorzugsweise als Kabeltrassen ausgeführt werden, wobei polymere HGÜ-Kabelsysteme für $525\,kV$ von *nkt cables* (einst: ABB) ([9]) oder *Prysmian Cables* ([10]) bis Mitte 2019 Präqualifikationsprüfungen unterliegen. **Bild 1** zeigt aktuelle Szenarien für DC-Korridore (zunächst als Punkt-zu-Punkt-Verbindungen) in Deutschland (links) ([11], [25]) und ein Szenario für ein vermaschtes DC-Netz in Europa (rechts) ([26]).
Zudem wird die Einspeisung der Leistung von erneuerbaren Energiequellen (z.B. von Wind- und Photovoltaikanlagen) zukünftig nicht mehr ausschließlich im Hoch-, sondern auch im Mittel- oder Niederspannungsnetz stattfinden.

2.2 Hochspannungsgleichstromübertragung

2.2.1 Umrichter-Technologien von HGÜ-Systemen

Der schematische Aufbau von Hochspannungsgleichstromverbindungen mit den Umrichterstationen ist in **Bild 2** dargestellt. Während der Umrichter am Anfang der Übertragungsstrecke ein Gleichrichter ist, dient er am Ende als Wechselrichter. Die Umrichtertechnologie ist durch zwei Varianten, entweder der *LCC-* oder der *VSC-*

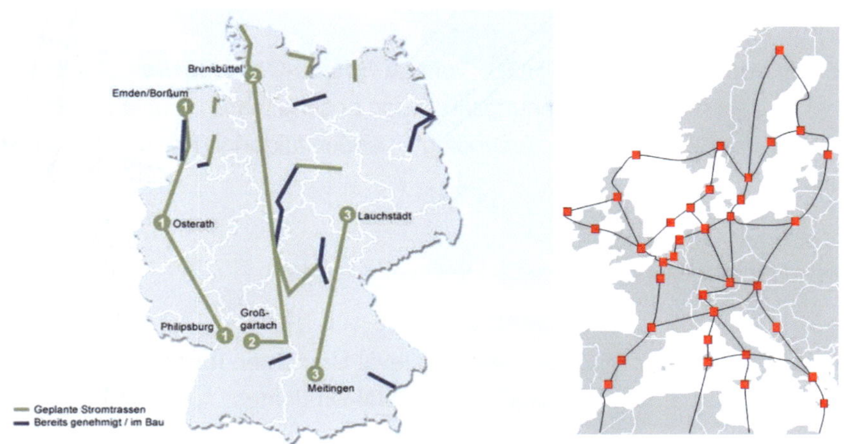

Bild 1: Geplante DC-Korridore in Deutschland (links) ([25]) und Europa (rechts) ([26])

HGÜ-Technologie, realisiert. [2] (S. 5-15)

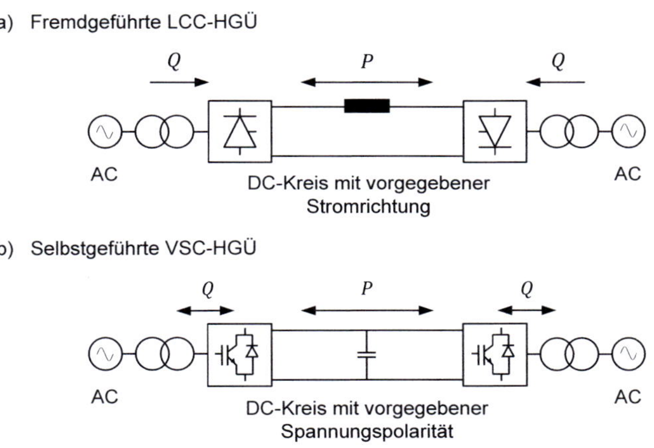

Bild 2: Schematischer Aufbau von HGÜ-Verbindungen ([2] (S. 12))

Die *LCC-HGÜ* (Line-Commutated Converter; wird auch als „klassische HGÜ" bezeichnet) ist eine fremd- bzw. netzgeführte Technologie mit Gleichstromzwischenkreis, die auf der Thyristortechnologie basiert und bei der mehrere 100 Thyristoren in Serie geschaltet werden. Durch die Anordnung der Ventile wird die Stromflussrichtung vorgegeben. Mittels LCC-HGÜ kann eine maximale Leistung bis $\approx 10\,GW$ bei einer Spannung von $\pm 0,8$ - $1,2\,MV$ mittels Freileitungen in bipolarer Ausführung als Punkt-zu-Punkt-Verbindungen übertragen werden. [2] (S. 3-11)

Im Gegensatz dazu ist die *VSC-HGÜ* (Voltage-Source-Converter) eine selbstgeführte Technologie mit Gleichspannungskreis und abschaltbaren Halbleiterelementen, den IGBT-Ventilen. Bei dieser Technologie werden folgende Entwicklungen unterschieden:

- pulsweitenmodulierte Zwei- oder Dreilevelumrichter
- Multilevel-Umrichter als modulare Multilevel-Umrichter-Technologie, Hybrid-Multilevel-Ansatz oder kaskadierte Zweilevel-Umrichter.

Diese Technologievariante kann für vermaschte Gleichspannungsnetze für Übertragungsleistungen bis zu $2\,GW$ bei einer Spannung von $\pm 525\,kV$ eingesetzt werden. [2] (S. 4, 11-13)

Grundsätzlich erweist sich der Einsatz der Hochspannungsgleichstromübertragung zur Energieübertragung überwiegend für große vermaschte Netze bzw. hinreichend lange Übertragungsstrecken (Punkt-zu-Punkt-Verbindungen) in Abhängigkeit des Isoliermediums aufgrund der nachfolgend aufgeführten Aspekte als besonders vorteilhaft. Ein Vergleich der Kosten für die Errichtung von HGÜ- und HDÜ-Trassen zeigt eine Wirtschaftlichkeit für HGÜ-Freileitungstrassen ab Übertragungsstrecken von etwa $800 - 1200\,km$ [12] (S. 8). DC-Kabeltrassen sind bereits ab etwa $80\,km$ wirtschaftlicher [13] (S. 3). Während für HDÜ-Trassen die Kosten für Blindleistungskompensationsanlagen (ab einigen $100\,km$ für Freileitungstrassen) stetig ansteigen, ist der finanzielle Aufwand für die Errichtung von HGÜ-Umrichterstationen von der Übertragungsstrecke weitgehend unabhängig. Ein weiterer Vorteil von HGÜ-Systemen ist die gegebene Netz-Systemstabilität, die grundsätzlich vom frequenzabhängigen Lastwinkel (Polradwinkel) $\vartheta \overset{!}{\leq} 90^\circ$ und von Pendelschwingungen ([1], S. 462, 475) abhängig ist. Solche Schwingungen können in HDÜ-Systemen je nach Betriebszustand, Netzkonfiguration und Generatorabschaltung infolge eines Fehlers auftreten. Beispielsweise entstehen diese bei der Kopplung zweier *Randnetze* mit einem starken *Mittelnetz* über längere HDÜ-Leitungen, sodass prinzipiell die HGÜ zur Kopplung zweier Netze (auch mit unterschiedlichen Betriebsfrequenzen) vorzuziehen ist. Ein weiterer wesentlicher Vorteil von großen HGÜ-Systemen resultiert aus der Regelbarkeit der Wirkleistung, die bei HDÜ-Systemen ab einer bestimmten Größe nicht mehr durch Regelmechanismen beeinflussbar ist. [1], [2]

2.2.2 Realisierte HGÜ-Projekte in Europa

Die in **Tabelle 1** dargestellten Projekte stellen eine Momentaufnahme dar. Es gibt in Europa bereits mehrere realisierte HGÜ-Verbindungen, die häufig als Punkt-zu-Punkt-Verbindungen in Form von Kabelstrecken oder als teilverkabelte Strecken (Freileitungs- und Kabelstrecke) ausgeführt sind. **Tabelle 1** gibt einen Überblick über aktuelle und geplante HGÜ-Projekte mit den Betriebsparametern Spannung U und Strom I, den abgeschätzten mittleren Feldstärken E_m und Höchstfeldstärken E_h sowie den Leiterquerschnitten A der verwendeten Kabel. Je nach HGÜ-Technologie und Projekt können Kabel aus Isolationen mit masseimprägnierten Papier (MI-Kabel) oder vernetzten Polyethylen (VPE-Kabel) (siehe nachfolgendes Unterkapitel 2.2.3) eingesetzt sein.

Tabelle 1: Realisierte und geplante europäische HGÜ-Kabeltrassen

Projekt	U in kV	I in kA	LCC/VSC	E_m, E_h in kV/mm	A in mm^2
Realisierte HGÜ-Trassen:					
Cross Sound Cable[14]	±150	$1,2$	LCC	$E_m: 4,3, E_h: 7,4$	1300
DolWin1[15]	±320	$1,25$	VSC	$E_m: 8,3, E_h: 14,3$	1600
East West Interconnector[16]	±200	$1,25$	VSC	$E_m: 4,4, E_h: 7,6$	2210
INELFE[5]	±320	$6,25$	VSC	$E_m: 6,7, E_h: 11,4$	2500
Baltic Cable[17]	450	$1,33$	LCC	unbekannt	
Nordbalt[18]	±300	$1,25$	VSC	unbekannt	
Skagerrak 4[19]	500	$1,43$	VSC	unbekannt	
Geplante Projekte:					
Caithness Moray HVDC Link[20]	±320	$1,881$	VSC	unbekannt	
DolWin 2[21]	±320	$1,406$	VSC	unbekannt	
Maritime Link[22]	±200	$1,25$	VSC	unbekannt	

In der Übersicht erfolgte die Berechnung der mittleren elektrischen Feldstärke E_m nach

$$E_m = \frac{U}{r_2 - r_1} \tag{1}$$

und der elektrischen Höchstfeldstärke E_h nach

$$E_h = \frac{U}{r_1 \cdot \ln\left(\frac{r_2}{r_1}\right)}. \tag{2}$$

Der Außendurchmesser der Isolierung wurde durch die Annahme $r_2 = 2,71 \cdot r_1$ (r_1 - Innendurchmesser der Isolierung) einer minimalen Höchstfeldstärke E_h abgeschätzt. Diese Annahme kann durch die Lösung der Extremwertaufgabe gemäß

$$\frac{dE_h}{dr_1} = 0. \tag{3}$$

erhalten werden. Die in **Tabelle 1** errechneten Werte für die elektrische Feldstärke E_m und E_h können mit Hilfe der Annahmen nur als Abschätzung angegeben werden, da keine exakten Werte für die Isolationsdicke $r_2 - r_1$ bekannt sind. Es zeigt sich, dass sich die Mittelwerte der berechneten Feldstärken für die angegebenen Projekte zwischen $\bar{E}_m = 4,3 - 6,7\,\frac{kV}{mm}$ befinden und die Höchstfeldstärke im Bereich $\bar{E}_h = 7,4 - 14,4\,\frac{kV}{mm} \lesssim 15\,\frac{kV}{mm}$ (technisch ausgenutzte elektrische Feldstärke für Wechselspannungskabel (aus [23])) liegt.

2.2.3 Ausführung des Übertragungsmediums für HGÜ-Systeme

Grundsätzlich können als Übertragungsmedium für HGÜ-Systeme

- Freileitungen
- Kabel *oder*
- gasisolierte Leitungen (GIL)

eingesetzt werden.

DC-Freileitungssysteme werden hauptsächlich als bipolare Systeme mit Hin- (mit $+U$) und Rückleiter (mit $-U$) sowie mit oder ohne Neutralleiter ausgeführt (siehe **Bild 3**). DC-Kabelsysteme können entweder als monopolare Systeme (mit Hinleiter $+U$ oder $-U$) oder als bipolare Systeme (mit Hin- und Rückleiter $+U$ und $-U$) mit oder ohne metallischen Rückleiter realisiert werden (siehe **Bild 3**). [2] (S. 7) Grundsätzlich sind Gleichspannungskabel entweder aus einer masseimprägnierten Papier- oder extrudierten Isolation realisiert. Dabei hängt die Wahl des Isoliermediums hauptsächlich von der HGÜ-Technologie und der eingesetzten Spannungsebene ab (siehe **Bild 4**). Je nachdem, ob es sich um Land- oder Seekabel handelt, unterscheiden sich die Kabel grundsätzlich in der Ausführung und Stärke der äußeren Armierung sowie in der Art der Verlegung. Während Seekabel auf oder im Meeresgrund verlegt werden, befinden sich Landkabel entweder direkt im Erdreich (etwa $1,5\,m$ unter der Erdbodenoberfläche) oder in Kabeltunneln. Dabei ist auf eine ausreichende Abfuhr der im Betrieb entstehenden Verlustwärme an die

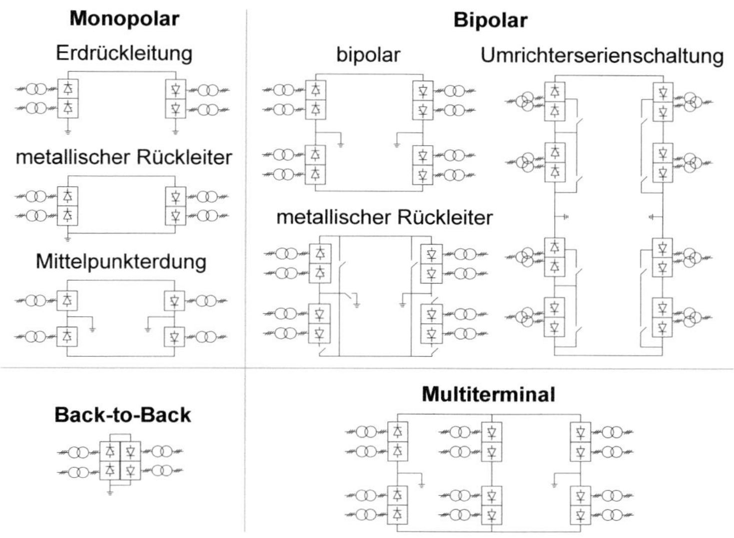

Bild 3: Mögliche Ausführungen von HGÜ-Stationen und -Systemen ([2])

Umgebung und auf die dabei maximal zulässige Erwärmung des Erdreichs oder des Meereswassers zu achten.

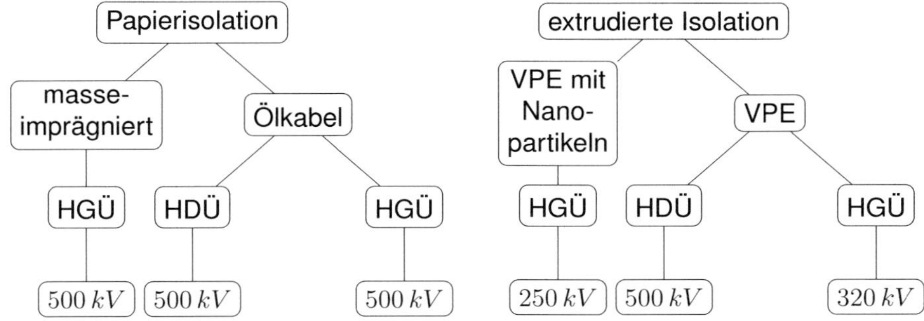

Bild 4: HDÜ- und HGÜ-Kabeltechnologien mit maximal zulässiger Nennspannung [27]

Papierisolierte Gleichspannungskabel sind für beide Umrichtertechnologien (LCC- und VSC-HGÜ) geeignet. Dagegen können extrudierte Kabel nur bei der VSC-HGÜ verwendet werden, da bei dieser Technologie eine Leistungsflussumkehr durch eine Polaritätsänderung des Stromes und nicht der Spannung durchgeführt wird [2]. Eine Polaritätsänderung der Spannung würde zu einem Durchschlag führen, da sich zum einen der Betrag der maximalen elektrischen Feldstärke im Iso-

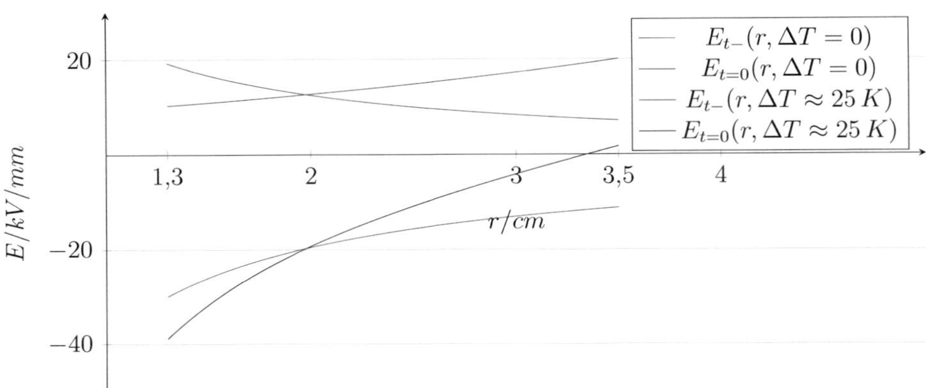

Bild 5: Feldstärkeverläufe $E_{t=0}(r)$ und $E_{t-}(r)$ für Gleichspannungskabel im Leerlauf ($I = 0, \Delta T = 0$) und bei Volllast ($I = 1500\,A, \Delta T \approx 25\,K$)

lierstoff vergrößert. Gleichzeitig wird die Durchschlagsspannung während der Umpolung um etwa $10\,\%$ reduziert [107].

Die Bestimmung der elektrischen Feldstärke nach einem Umpolvorgang wird an einem Gleichspannungskabel mit einer Betriebsspannung von $320\,kV$ auf Grundlage von [3] und [56] (S. 77) nachvollzogen. Die elektrische Feldstärke $E_{t=0}(r)$ unmittelbar nach der Umpolung ergibt sich zu

$$E_{t=0}(r) = E_{t-}(r) - E_{AC}(r). \tag{4}$$

Dabei liegt die Feldstärke $E_{t-}(r)$ unmittelbar vor der Umpolung an. $E_{AC}(r)$ ist die kapazitive Feldänderung aufgrund der Umpolung von $+U$ zu $-U$ ($= 2\,U$) und berechnet sich zu

$$E_{AC}(r) = \frac{2 \cdot U}{r \cdot ln(\frac{r_2}{r_1})}. \tag{5}$$

Bild 5 zeigt die zugehörigen Feldstärkeverläufe $E_{t=0}()r$ und $E_{t-}(r)$ für ein Gleichspannungskabel im Leerlauf ($I = 0, \Delta T = 0$) und bei Volllast ($I = 1500\,A, \Delta T \approx 25\,K$). Die Berechnung der elektrischen Feldstärke $E_{t-}(r)$ und die zugehörigen Parameter sind ausführlich in **Kapitel 4** dargestellt. Es wird deutlich, dass das Maximum der elektrischen Feldstärke $E_{t=0}(r, \Delta T \approx 25\,K) \approx -40\,kV/mm$ nach der Umpolung bei Volllast deutlich größer ist als im Nennbetrieb mit $E_{t-}(r, \Delta T \approx 25\,K) \approx 20\,kV/mm$.

2.3 Grundlagen zu gleichspannungsbeanspruchten polymeren Isolierstoffen

2.3.1 Übersicht zur Beanspruchung von DC-Kabeln im Nennbetrieb

Bei der Beanspruchung eines HGÜ-Kabels mit einer Nenngleichspannung U_0 und einem Nennstrom I_0 bilden sich über dem Isolierstoff ein elektrisches Feld $E(r)$ und ein Temperaturgradient $\vartheta(r)$ aus (siehe **Bild 6**).

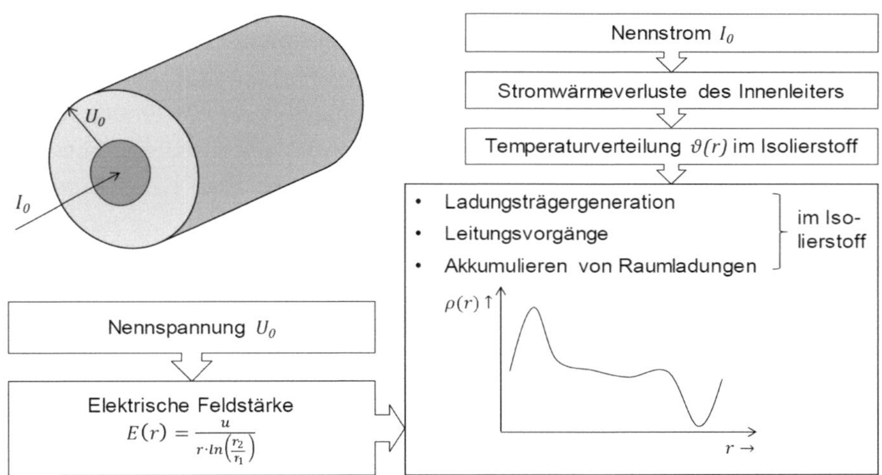

Bild 6: Beanspruchung eines DC-Kabels im Nennbetrieb

Der Temperaturgradient $\vartheta(r)$ ist auf Stromwärmeverluste des Innenleiters zurückzuführen, die sowohl durch den Innenleiter als auch vom Innenleiter durch den Isolierstoff in radialer Richtung nach außen abgeführt werden. Diese Verluste führen zu einer ungleichmäßigen Erwärmung im Isolierstoff, wenn die Umgebungstemperatur ϑ_{umg} kleiner als die maximal zulässige Innenleitertemperatur $\vartheta_i \leq 70° C$ des DC-Kabels ist. Infolge des Temperaturgradienten entstehen im Isolierstoff ein Gradient der elektrischen Leitfähigkeit $\kappa(r)$ und ein Leckstrom, der zu einer zusätzlichen Erwärmung des Isolierstoffs führt. Die Hersteller übernehmen nur bis zu einer Temperatur von $\vartheta_{max,DC} = 70° C$ die Gewähr für einen zuverlässigen Langzeitbetrieb von polymeren HGÜ-Kabeln. Dieses Maximum wird durch die grundsätzlichen Anforderungen an die Materialeigenschaften

- geringe elektrische Leitfähigkeit: relativ unempfindlich gegenüber Temperaturschwankungen, elektrischer Beanspruchung und Umpolung
- hohe elektrische Durchschlagsfestigkeit: relativ unempfindlich gegenüber Temperaturschwankungen und Umpolung
- geringe Neigung zur Speicherung von Raumladungen
- ausreichend große thermische Leitfähigkeit zur Abfuhr der Stromwärmeverluste des Innenleiters

eines Isolierstoff bestimmt [56] (S. 212), [134]. Beispielsweise zeigen Messungen in [135] (S. 59), dass eine Erhöhung der Temperatur von 20 auf $70° \, C$ den Einsetzwert der elektrischen Feldstärke, bei der bereits Raumladungen entstehen, von etwa $11 \, kV/mm$ auf etwa $4,5 \, kV/mm$ reduziert. Zudem verkleinert sich der spezifische elektrische Widerstand in diesem Temperaturbereich um etwa 3 Zehnerpotenzen [135] (S. 59), [136]. Zudem wird die Alterung der Isolation durch eine zunehmende Temperatur begünstigt.

Der Gradient der elektrischen Leitfähigkeit $\kappa(\vartheta, E, r)$ führt auch zu einer Veränderung der elektrischen Feldstärkeverteilung im Isolierstoff. In den nachfolgenden Unterkapiteln wird auf die relevanten physikalischen Effekte näher eingegangen.

2.3.2 Wärmeübergangsmechanismen

Wird der Innenleiter eines Kabels von einem Gleichstrom I_0 durchflossen, führen die auftretenden Jouleschen Verluste $P_V = I_0^2 \cdot R$ zu einer Erwärmung des Innenleiters. Unter der Annahme, dass der Strom I_0 entlang des gesamten Leiters konstant ist (bzw. der Temperaturgradient $\Delta T = 0$), kann diese Verlustleistung P_V (bzw. Wärmestrom $\dot{q}_1$) nicht durch den Vorgang der Wärmeleitung längs des Leiters übertragen werden. Aufgrund des Temperaturgradienten zwischen Innenleiter (mit Temperatur ϑ_i) und Umgebung (mit Temperatur ϑ_{umg} und $\vartheta_i > \vartheta_{umg}$) stellt sich durch die Wärmeleitung ein kleinerer Wärmestrom $\dot{q}_2 < \dot{q}_1$ über den Isolierstoff bzw. durch Konvektion vom Isolierstoff zur Umgebung ein. Zudem wird die Wärme mittels elektromagnetischer Wellen, die nicht an Materie gebunden sind und sich auch im Vakuum ausbilden können, durch Wärmestrahlung nach außen übertragen. [59] (S. 224), [153] (S. 161)

Die genannten Mechanismen der *Konvektion* und *Wärmestrahlung* werden auch als Wärmeübergangsmechanismen bezeichnet, die sich von den beteiligten Stoffen unterscheiden. Daher sind für die Berechnung der gesamten Temperaturverteilung $\vartheta(r)$ vom Innenleiter zur Umgebung die Teiltemperaturverläufe über dem Innenleiter, über dem Isolierstoff und zur angrenzenden Umgebung durch eine separate Betrachtung der jeweiligen Wärmeübergangsmechanismen zu bestimmen (siehe **Kapitel 2.7.1**).

2.3.3 Resultierender Strom in polymeren Isolierstoffen unter Gleichspannungsbeanspruchung

Werden Isolierstoffe durch eine Potentialdifferenz (Gleichspannung) beansprucht, stellt sich ein elektrisches Feld ein. Zudem fließt ein exponentiell abklingender Strom, der in Abhängigkeit von der Temperatur nach einer bestimmten Zeitdauer $t = 5\tau$ einen stationären Zustand erreicht. Dieser zeitliche Verlauf resultiert aus der Überlagerung des kapazitiven Verschiebungsstroms und abklingenden Polarisationsstrom sowie der stationären elektrischen Leitfähigkeit [151]. **Bild 7** zeigt eine Darstellung dieser Komponenten und des resultierenden Stroms durch einen Isolierstoff unter Gleichspannungsbeanspruchung.

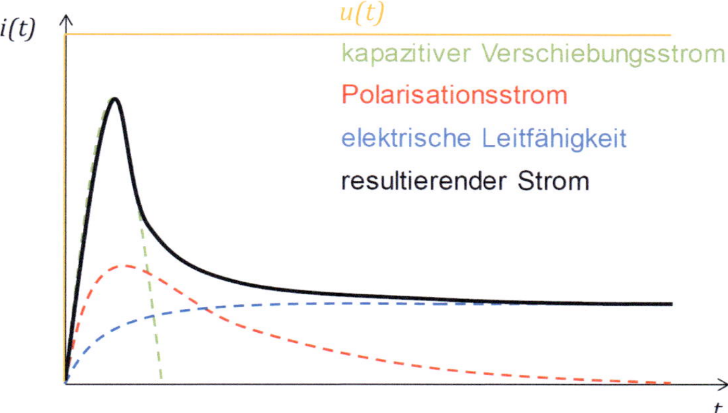

Bild 7: Darstellung des resultierenden Stroms im Isolierstoff unter Gleichspannungsbeanspruchung [151]

Der **kapazitive Verschiebungsstrom** entsteht während der zeitlichen Änderung der Spannung im Zuschaltmoment (kapazitive Feldänderung) und wird durch die relative Permittivität ε_r des Isolierstoffs bestimmt. Dieser Vorgang ist bereits nach wenigen Sekunden abgeschlossen [37] (S. 168).

Durch die stattfindenden Polarisationseffekte wird im Isolierstoff eine weitere Komponente, der **Polarisationsstrom**, hervorgerufen. Nach Kao ([38] (S. 52)) können elektrische Polarisationseffekte in Isolierstoffen als eine Umverteilung von Ladungen oder Ladungsträgern durch die Zufuhr von äußerer Energie betrachtet werden. Diese können entweder durch die relative Verschiebung von negativen und positiven Ladungen von Atomen oder Molekülen, die Ausrichtung bereits vorhandener Dipole zum äußeren elektrischen Feld oder die Trennung von beweglichen Ladungsträgern an Grenzflächen von Verunreinigungen oder anderen Fehlstellen (Defekten) aufgrund eines äußeren elektrischen Feldes entstehen ([38] (S. 52)). Die dabei auftretenden Polarisationsarten unterscheiden sich im Vakuum, leitenden Material oder Dielektrikum. Ein dielektrisches Material besteht aus Atomen oder Molekülen, die eine oder mehrere Polarisationsarten aufweisen:

- Elektronenpolarisation ($t < 10^{-15}\,s$)
- Atom- oder Ionenpolarisation (*Vibrational Polarization*) ($t < 10^{-12}\,s$)
- dipolare Polarisation (Orientierungspolarisation) ($t < 10^{-6}\,s$)
- Eigenpolarisation (spontane Polarisation)
- Raumladungspolarisation: Hüpf- ($t \lesssim 1\,s$), Grenzflächenpolarisation ($t \gtrsim 10^5\,s$) [38] (S. 54 - 55, 89).

Es zeigt sich, dass die Raumladungspolarisation in Isolierstoffen bis zu mehreren Tagen andauern kann, während die anderen Polarisationsarten (unter Gleichspannungsbeanspruchung) bereits nach weniger als $1\,\mu s$ abgeschlossen sind.

In Abhängigkeit von der anliegenden elektrischen Feldstärke und zugeführten thermischen Energie wird die **elektrische Leitfähigkeit** eines Isolierstoffs durch die Prozesse der

- Generation (Injektion und Aktivierung von Elektronen, Dissoziation von Ionen) (siehe **Kapitel 2.4.2**)
- Leitungsvorgänge durch Transport (Drift, Bewegung) (siehe **Kapitel 2.4**)

- Rekombination

bestimmt [37] (S. 167-172), [151]. Die Leitungsvorgänge werden unterschieden in

- Ionenleitung (dominiert für $E \leq$ wenige kV/mm)
- Elektronische Leitungsvorgänge (Löcherleitung und Haftstellenleitung durch Elektronen als raumladungslimitierter Ladungsträgertransport bei Polymeren dominieren für $E >$ wenigen kV/mm).

Die resultierende elektrische Leitfähigkeit wird durch die Summe der Einzelleitfähigkeiten der verschiedenen Ladungsträgerarten beschrieben:

$$\kappa = \sum_i n_i \cdot \mu_i \cdot e = \underbrace{n_e \cdot \mu_e \cdot e}_{\text{Elektronen}} + \underbrace{n_L \cdot \mu_L \cdot e}_{\text{Löcher}} + \underbrace{\sum_I n_I \cdot \mu_I \cdot (Z_{W,I} \cdot e)}_{\text{Ionen}} = \frac{\vec{J}}{\vec{E}} = \frac{I_{Leck}}{A_n \cdot E} \tag{6}$$

(mit: e - Elementarladung, μ_i - Beweglichkeit der jeweiligen Ladungsträger, $Z_{W,I}$ - Wertigkeit der jeweiligen Ionen, I_{Leck} - Leckstrom durch Isolierstoff, A_n - Flächennormalkomponente). [23], [37] (S. 167).

Die jeweilige Ladungsträgerdichte n_i sowie die Beweglichkeit μ_i der entsprechenden Ladungsträger sind stark von der Temperatur ϑ, elektrischen Feldstärke E sowie vom Herstellungsprozess, der Vorbehandlung, den Additiven sowie den Vernetzungsrückständen und Spaltprodukten im Isolierstoff (siehe **Anhang A1**) abhängig.

Um die elektrische Leitfähigkeit als Einflussgröße auf die elektrische Feldstärkeverteilung bei anliegender Gleichspannung zu betrachten, werden in den nachfolgenden Kapiteln die Prozesse der Generation und die relevanten Leitungsvorgänge in Polymeren unter Gleichspannungsbeanspruchung dargestellt. Aufgrund der mittleren elektrischen Betriebsfeldstärke $E \lesssim 15$ - $20\,kV/mm$ in polymeren Hochspannungskabeln (siehe **Kapitel 2.2.2**) liegt der Fokus auf den elektronischen Leitungsvorgängen, die unter Verwendung des Bändermodells für polymere Isolierstoffe erläutert werden.

2.4 Ladungsträgerinjektion und Leitungsvorgänge

2.4.1 Bändermodell für polymere Isolierstoffe

Elektronen können an ein Molekül oder ein Atom gebunden sein, sodass diese sich nicht frei bewegen können. Wird den Elektronen genügend thermische und/oder elektrische Energie zugeführt, werden diese angeregt, sodass sie sich innerhalb des Feststoffes bewegen und am Ladungstransport mitwirken können. [37] (S. 167-172)

Die Grundlage für die physikalische Beschreibung dieser Leitungsvorgänge in Festkörpern bildet das Bändermodell nach Fröhlich [36], [37] (S. 169, 170). Dabei wird davon ausgegangen, dass sich in Abhängigkeit der in direkter Wechselwirkung stehenden Atome viele kontinuierliche Energiebänder mit dicht gestaffelten Energieniveaus ausbilden. Das bei einer Temperatur $T = 0\,K$ oberste, mit Elektronen vollständig besetzte Energieband wird als Valenzband, das unterste, unbesetzte Band als Leitungsband bezeichnet. Für die Leitungsvorgänge müssen nur diese beiden Bänder (Valenz- und Leitungsband) betrachtet werden. Während das Valenzband fast vollständig mit Elektronen besetzt ist, trägt zum Ladungstransport nur das Leitungsband mit seinen (frei beweglichen) Elektronen bei. Die Zone zwischen diesen Bändern wird als *verbotene Zone* bezeichnet, deren Energiewerte von Elektronen nicht angenommen werden können. [23] (S. 16), [37] (S. 169, 170)

In Abhängigkeit des Bandabstands ΔW zwischen dem Valenz- und Leitungsband werden drei Modelle für:

- Metalle mit $\Delta W \approx 0$
- Halbleiter mit $\Delta W \approx 1\,eV$
- Isolator mit $\Delta W \approx 2$ - $10\,eV$ [37] (S. 170)

unterschieden. Jedoch ist für (hoch-) polymere Werk- und Isolierstoffe dieses (einfache) Bändermodell aufgrund des teilkristallinen Aufbaus sowie der daraus resultierenden fehlenden Fernordnung nur bedingt anwendbar und wurde durch Bauser erweitert (siehe **Bild 8**) [23] (S. 16), [37] (S. 170), [39]. In diesem erweiterten Bändermodell für polymere Isolierstoffe existieren aufgrund der amorphen und teilkristallinen Bereiche keine durchgehenden Energiebänder, sondern lokale Energieniveaus, die durch Potentialwälle voneinander getrennt sind. Diese Niveaus mit unterschiedlicher energetischer Lage sind entweder Valenz- oder Leitungsniveaus. Der Bandabstand ist als *mittlerer Bandabstand* $\Delta\overline{W}$ definiert, der für Polyethylen zwischen 4 und $8\,eV$ liegt [39].

Zudem ist Bild 8 zu entnehmen, dass in der verbotenen Zone energetisch flache und tiefe Zustände ($\Delta W > 0,3$ [124] - $0,6\,eV$ [54]) existieren, die entweder:

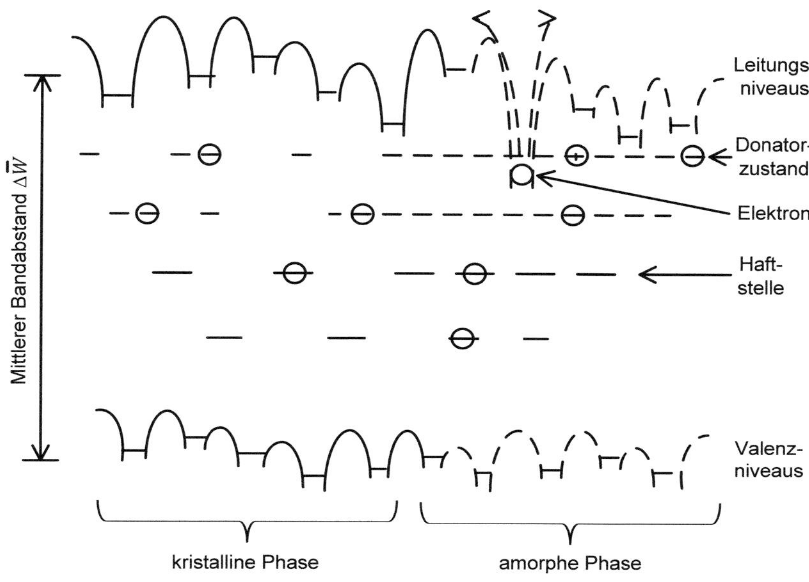

Bild 8: Energieniveauschema für polymere Werkstoffe (nach [37], [40])

- Elektronen abgeben (Haftstellen als elektrisch neutrale Akzeptorzustände im unbesetzten Zustand) oder
- Elektronen aufnehmen (elektrisch neutrale Donatorzustände, wenn diese mit Elektronen besetzt sind) können. [23] (S. 17), [37], [43]

Die energetische und räumliche Haftstellenverteilung ist auf die unregelmäßige Struktur und fehlende Fernordnung der polymeren Werkstoffe durch Vernetzungsrückstände, Verunreinigungen, Fremdmoleküle oder innere Grenzschichten sowie auf deren zahlreiche Zusatzstoffe (Antioxidantien, Stabilisatoren etc.) zurückzuführen [6], [23] (S. 17), [37] (S. 171). Dabei sind flache Haftstellen besonders auf physikalische und tiefe Haftstellen auf chemische Defekte zurückzuführen. Besonders in amorphen Phasen existiert eine sehr hohe Haftstellendichte, welche vor allem als flache Haftstellen auftreten [124] (S. 56), [125]. Da vernetztes Polyethylen durch eine Reihe von Reaktionen entsteht, sind zwar Vernetzungsrückstände nicht vollständig zu vermeiden (siehe **Anhang A1**), können aber fertigungstechnisch minimiert werden [6], [23], [37], [43]

In der nachfolgenden **Tabelle 2** (aus [23], S. 20) sind beispielhaft einige typische stoffliche Haftstellenarten, deren Konzentration sowie energetische Tiefe in

Polymeren aufgelistet. Die messtechnische Bestimmung der Haftstellentiefe und -dichte ist beispielsweise mittels optischer Methoden, thermisch stimulierter Depolarisationsströme oder mit Hilfe der Thermolumineszenz möglich [23] (S. 21), [52]. Es zeigt sich, dass neben Vernetzungsrückständen auch Vinylgruppen aufgrund ihrer energetischen Tiefe $W_{H,e-} < 0,6\,eV$ flache Haftstellen hervorrufen. Diese sind durch das Aktivieren und Aufnehmen von Elektronen (siehe **Kapitel 2.4.2**) stark an den Leitungsvorgängen in Polymeren unter HGÜ-Beanspruchung beteiligt (siehe **Kapitel 2.4.5**).

Tabelle 2: Größenordnung einiger Haftstellentiefen [23] (S. 20)

Stoff/Haftstellenart	**Anzahl in cm^3**	**W_{H,e^-} in eV**	**$W_{H,L}$ in eV**	**Literatur**
Carbonylgruppen	$\approx 10^{18}$	1	$0,5 - 1$	[42]
Doppelbindungen an Molekülkettenenden	$\approx 10^{18}$		1	[42]
Vernetzungsrückstände (abhängig vom Grad der Verflüchtigung und Temperatur)	$\approx 10^{16} - 5 \cdot 10^{19}$	$0,5 - 1$	$0,5 - 1$	[53]
Vinylgruppen	$\approx 10^{15}$	$0,5$		[42]
Kristalline Bereiche		$1,2 - 1,4$		[52]
Kristallitgrenzen, Faltungen		$1 - 1,4$		[42]
angelagertes Wasser (normal)	$\approx 10^{17}$			[53]
angelagertes Wasser (gesättigt)	$\approx 5 \cdot 10^{19}$			[53]
Gesamtheit der tiefen Haftstellen	$\approx 10^{14}$	$1 - 3$	$1 - 3$	[42], [54]

2.4.2 Generation von Ladungsträgern

Zur Generation von Ladungsträgern (Ionen, Elektronen, Löcher) im Isolierstoff und aus den anliegenden Elektroden können sowohl Effekte

- ohne thermische bzw. elektrische Energieeinwirkung *als auch*
- mit thermischer und/oder elektrischer Feldeinwirkung

unterschieden werden. [23], [37], [43]

Allein durch die Kontaktierung Isolierstoff - Elektrode findet durch die *Kontaktaufladung*, d.h. ohne die Einwirkung von elektrischer oder thermischer Energie, ein Übergang von Elektronen von der Elektrode in den Isolierstoff statt. Dabei werden so viele Elektronen in energetisch tiefen Haftstellen in einer sehr dünnen Schicht des Polymers aufgenommen, bis sich durch das entstehende elektrostatische Gegenfeld im Polymer die Ferminiveaus beider Materialien angeglichen haben. Dabei wird als Kontaktierung vorausgesetzt, dass der Abstand zwischen der Elektrode und dem Isolierstoff kleiner als $1\,nm$ ist ([41]). [23] (S. 17), [124] (S. 62)

Durch die Zufuhr von elektrischer und/oder thermischer Energie werden mehr Ladungsträger aus dem Isolierstoff oder den Elektroden generiert. Die Generation umfasst die Prozesse

- der Injektion von Ladungsträgern aus den Elektroden und
- die Aktivierung von Elektronen oder Dissoziation von Ionen im Inneren des Isolierstoffs [23] (S. 17-19), [37] (S. 171-172), [43].

2.4.3 Injektion von Ladungsträgern aus den Elektroden in das Polymer

Klassische Vorstellung

Prinzipiell gibt es zwei Möglichkeiten, dass Elektronen (oder Löcher) die Barriere zwischen Metall und Halbleiter (bzw. Isolierstoff) überwinden können:

- thermionische Emission nach Richardson-Schottky-Modell (bei ausreichend hoher thermischer Energie)
- quantenmechanisches Tunneln nach Fowler-Nordheim-Theorie (bei zu geringer thermischer Energie und hoher elektrischer Feldstärke $E \gtrsim 200\,kV/mm$) [137] (S. 35-37), [38] (S. 345).

Unter Berücksichtigung der betriebsrelevanten elektrischen Feldstärken von $E \approx 15\,kV/mm$ im HGÜ-Kabel wäre der Injektionsprozess grundsätzlich durch das Richardson-Schottky-Modell mit thermionischer Emission zu beschreiben [137] (S. 35):

$$J = \frac{4\pi emk^2T^2}{h^3} exp\left(\frac{-\Phi_m}{kT}\right). \tag{7}$$

Dafür wird ein idealer Kontakt zwischen Metall und Isolator angenommen sowie die Oberflächenrauigkeit vernachlässigt. Der Ausdruck

$$A = 4\pi emk^2h^{-3} = 1,2 \cdot 10^6 \frac{A}{m^2K^2} \quad (8)$$

entspricht der sog. Richardson-Schottky-Konstante und

$$\Phi_m = W_0 - W_A \quad (9)$$

der Austrittsarbeit (mit: W_0 - Elektronenaustrittsarbeit der Katode ins Vakuum in eV; W_A - Elektronenaffinität des Dielektrikums in eV) [23] (S. 18), [43] (S. 222).

Im Polymer wird die jeweilige Austrittsarbeit durch die vorhandenen Haftstellen, die Kontaktierung sowie die Art des Leitermaterials an der Kontaktierungsgrenzschicht wesentlich beeinflusst. Nach Messungen von Morin [49] kann für die (reale) Austrittsarbeit Φ_m am Halbleiter-Polymer-Übergang ein Wert von $1,6\,eV$ angegeben werden [23] (S. 18).

Nach dieser klassischen Modellvorstellung können Elektronen die Barrierenhöhe bei ausreichend hoher thermischer Energie überwinden. Jedoch zeigt sich, dass die Überwindung der Barriere zwischen Elektrode und Polymer (organischer Stoff) nicht allein durch thermische, sondern nur durch eine Kombination mit elektrischer Energie möglich ist. Die Diskussion in Hanisch [137] (S. 37) unter Angabe der jeweiligen Quellen ([154], [155], [156]) kommt zu dem Schluss, dass die Physik der Ladungsträgerinjektion in organischen Stoffen und Halbleitern noch nicht so gut verstanden ist wie in anorganischen Stoffen. Deshalb wird vorgeschlagen, stattdessen solche Vorgänge entweder durch die feldunterstützte thermionische Injektion ([155]) oder als thermisch unterstütztes Tunneln ([154], [156]) von der Elektrode in eine zufällige Verteilung lokalisierter Zustände in der Organik zu beschreiben.

Effekt der raumladungsbegrenzten Stromdichte in Polymeren

Zudem muss in Polymeren der Effekt der *raumladungsbegrenzten Stromdichte* (engl.: Space Charge Limited Conduction - SCLC) aufgrund der geringen Kontaktbarrieren, relativ kleinen Ladungsträgerbeweglichkeiten sowie der Verunreinigungen / Vernetzungsrückstände (verantwortlich für Haftstellen) berücksichtigt werden. Dieser Effekt verdeutlicht, dass mit steigender anliegender Spannung (bzw. vorherrschender elektrischer Feldstärke) die Anzahl der injizierten Ladungsträger so groß wird, dass sie nicht mehr schnell genug abtransportiert werden können. Deshalb entsteht eine Ladungsanhäufung (Raumladung) in der Nähe der injizierenden Katode. Das resultierende elektrische Feld dieser Raumladungen wirkt der Injektion weiterer Ladungsträger entgegen, sodass die Stromdichte im Polymer weniger stark ansteigt als bei kleineren Spannungen. In **Bild 9** ist schematisch der zugehörige Verlauf der Stromdichte über der Spannung in vier charakteristischen Bereichen dargestellt. [43] (S. 228)

Dieser Effekt wurde ursprünglich an dünnen Isolierstofffolien mit Dicken von einigen $10\,\mu m$ festgestellt und belegt, kann aber auch auf dickere Materialien übertragen werden. Es wird davon ausgegangen, dass sich innerhalb des Isolierstoffs zunächst nur wenige frei bewegliche Ladungsträger befinden, deren Anzahl durch Injektionsvorgänge aus der Katode bei elektrischer Beanspruchung zunimmt. Weiterhin werden zur Vereinfachung Löcher und die Interaktion zwischen injizierten Ladungsträgern und Haftstellen oder thermisch aktivierten Ladungsträgern nicht betrachtet. Zudem wird angenommen, dass ein ohmscher Kontakt zwischen Isolierstoff und Elektroden vorherrscht. Dabei handelt es sich in der Halbleiterelektronik um einen Metall-Halbleiter-Übergang mit einem niedrigem elektrischen Widerstand, der sich wie ein ohmscher Widerstand verhält und keine gleichrichtende Wirkung wie ein Schottky-Kontakt aufweist. [43] (S. 228)

Für die mathematische Bestimmung der Stromdichte in den unterschiedlichen Bereichen (in Anlehnung an [43] (S. 234)) lassen sich die elektrische Feldstärke und die Anzahl der Ladungsträger i (Elektronen, Ionen, Löcher) im Isolierstoff als Funktion der Dicke x zu $E(x)$ und $n_i(x)$ definieren, sodass sich allgemein die Formel mit einer Drift-, Diffusions- und Verschiebungsstromkomponente zu

$$J(x) = \underbrace{\sum_i n_i(x) \cdot q_i \cdot \mu_i \cdot E(x)}_{\text{Driftstrom}} - \underbrace{\sum_i q_i \cdot D_{ni} \cdot \frac{dn_i(x)}{dx}}_{\text{Diffusionsstrom}} + \underbrace{\varepsilon_0 \cdot \varepsilon_r \cdot \frac{dE(x)}{dt}}_{\text{Verschiebungsstrom}} \qquad (10)$$

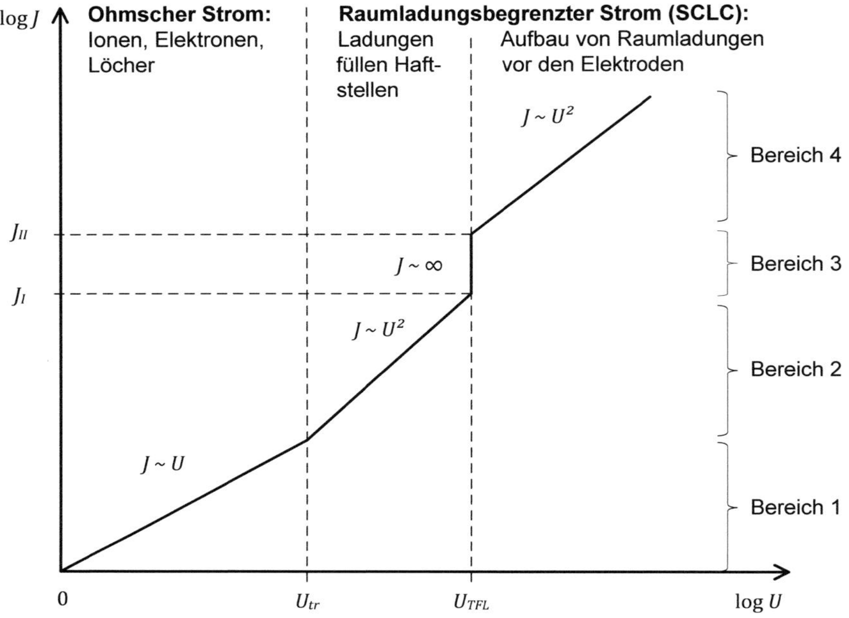

Bild 9: Schematischer Verlauf der Stromdichte in polymeren Isolierstoffen bei anliegender Gleichspannung [43]

(mit: D_{ni} - jeweiliger Fickscher Diffusionskoeffizient der Ladungsträger)

zusammensetzt [43]. Dafür werden aufgrund der Komplexität im Isolierstoff folgende Annahmen zur Vereinfachung getroffen:

- gleichmäßig verteilte Konzentration von injizierten Ladungsträgern
- nur negative Ladungsträger $q_i = e$ (z.B. Elektronen) (Elektronen dominieren gegenüber positiven Ionen und Löchern) [43] (S. 228).

Unter Voraussetzung einer anliegenden Gleichspannung ist die zeitliche Änderung $d/dt \simeq 0$, sodass der Term für die Verschiebungsstromkomponente $\varepsilon_0 \cdot \varepsilon_r \cdot \frac{dE(x)}{dt}$ null ist. Damit vereinfacht sich **Formel 10** zu

$$J(x) = n_e \cdot e \cdot \mu_e \cdot E(x) - e \cdot D_n \cdot \frac{dn(x)}{dx}. \tag{11}$$

Mit Hilfe der Poisson-Gleichung

$$\frac{dE(x)}{dx} = \frac{n(x) \cdot e}{\varepsilon_0 \cdot \varepsilon_r} \tag{12}$$

ergibt sich durch Einsetzen in **Formel 11** der Ausdruck

$$J(x) = \varepsilon_0 \cdot \varepsilon_r \cdot \mu_e \cdot E(x) \cdot \frac{dE(x)}{dx} - \varepsilon_0 \cdot \varepsilon_r \cdot D_n \cdot \frac{d^2E(x)}{dx^2}. \text{[43] (S. 229)} \tag{13}$$

In Abhängigkeit der vorherrschenden elektrischen Feldstärke dominiert entweder die Drift, die Diffusion oder ein Gleichgewicht aus beiden Leitungsvorgängen im polymeren Isolierstoff.

Bereich 1: Ohmsche Stromdichte

Bei niedrigen Spannungen (bzw. resultierenden elektrischen Feldstärken) unterhalb der sog. *Übergangsspannung* U_{tr} wird der Leitungsstrom in hochohmigen polymeren Isolierstoffen überwiegend durch die Ionen- und Protonenleitung, weniger durch die Drift der wenigen vorhandenen intrinsischen Ladungsträger (Elektronen und Löcher) hervorgerufen. Dabei ist die Ionenleitung auf die Dissoziation vorhandener Fremdstoffe bzw. Verunreinigungen zurückzuführen. [57]

Da bei niedrigen elektrischen Feldstärken die Injektion von Ladungsträgern aus der Elektrode und damit die Diffusionsvorgänge vernachlässigbar sind, beeinflusst ausschließlich die Drift der vorhandenen Ladungsträger die Stromdichte

$$J(x) = n_0 \cdot e \cdot \mu_e \cdot \frac{U}{x}. \tag{14}$$

Es stellt sich im Isolierstoff eine zur Spannung proportional ansteigende Stromdichte $I \sim U$ bzw. eine sehr kleine konstante elektrische Leitfähigkeit κ ein. Die unter dem Einfluss des elektrischen Feldes gedrifteten Ladungsträger stauen sich als *heterocharges* vor den Elektroden mit der entgegengesetzten Polarität, sodass dort die (innere) elektrische Feldstärke ansteigt und der Ladungsträgeraustausch mit den Elektroden intensiviert wird. Dadurch sinken die resultierende elektrische Feldstärke und die Leitungsvorgänge **im Inneren** des Isolierstoffs bis zum Einstellen eines Gleichgewichts zwischen Driftstrom und Bereitstellung neuer Ladungsträger durch Ionisation bzw. Dissoziation von Fremdstoffen sowie durch Injektion von Ladungsträgern aus der Elektrode. [57]

Bereich 2: Raumladungs- und haftstellenbegrenzte Stromdichte

Bei Spannungen oberhalb der *Übergangsspannung*

$$U_{tr} = \frac{8 \cdot e \cdot n_0 \cdot x^2}{9 \cdot \varepsilon_0 \cdot \varepsilon_r} \text{ [43] (S. 230)} \tag{15}$$

bzw. höheren resultierenden elektrischen Feldstärken dominiert die Injektion von Ladungsträgern aus der Elektrode gegenüber dem Ladungsträgertransport (Drift) im Volumen des Isolierstoffs, sodass sich vor den Elektroden gleichnamige Ladungen (*homocharges*) aufbauen. Da die Ladungsträger nahe der injizierenden Elektrode den größten Einfluss auf die Diffusionsvorgänge im Isolierstoff hervorrufen, vereinfacht sich **Formel 13** aufgrund der dominierenden Diffusionsvorgänge zu

$$J(x) = \varepsilon_0 \cdot \varepsilon_r \cdot \mu_e \cdot E \cdot \frac{dE(x)}{dx}.\text{[43] (S. 230)} \tag{16}$$

Dabei werden die Betrachtungen zunächst unter Vernachlässigung der Haftstellen im Isolierstoff durchgeführt. Durch Umstellung sowie Integration der **Formel 16** nach der elektrischen Feldstärke $E(x)$ und Bestimmung der Integrationskonstanten der homogenen Lösung ergibt sich resultierend für die Stromdichte das Mott- und Gournay-Gesetz

$$J = \frac{9 \cdot \varepsilon_0 \cdot \varepsilon_r \cdot \mu_e \cdot U^2}{8 \cdot x^3}, \tag{17}$$

das nur entsprechend der oben getroffenen Annahmen gültig ist. Diese Formel zeigt eine quadratische Abhängigkeit der Stromdichte zur anliegenden Spannung. [43] (S. 230)

Durch das zunehmende Ausbilden der *homocharges* sinken die elektrische Feldstärke vor den Elektroden und die Injektion der Ladungsträger aus den Elektroden. Damit steigen die resultierende elektrische Feldstärke und der Leitungsstrom **im Inneren** des Isolierstoffs, bis sich ein Gleichgewicht zwischen Driftstrom und Injektion einstellt. Jedoch werden durch die transportierten Ladungsträger infolge der Driftvorgänge Haftstellen im Inneren des Isolierstoffs besetzt, sodass sich dort Raumladungen ausbilden, die den Leitungsstrom begrenzen (*raumladungsbegrenzte Stromleitung*). [57]

Bereiche 3 und 4: Raumladungsbegrenzte und haftstellenfreie Stromdichte

Mit ansteigender Spannung und zunehmenden resultierenden Leitungsvorgängen im Isolierstoff werden immer mehr Haftstellen (mit der Anzahl N_t) im Inneren des Isolierstoffs mit Ladungsträgern der Anzahl n besetzt, sodass gilt: $n \to N_t$. Ab dem Wert

$$U_{TFL} = \frac{e \cdot N_t \cdot x^2}{2 \cdot \varepsilon_0 \cdot \varepsilon_r} \text{ [43] (S. 231)} \tag{18}$$

sind alle Haftstellen besetzt. Folglich bilden sich vor den Elektroden Raumladungen aus, die im **Bereich 4** einen stark ansteigenden *raumladungsbegrenzten Strom* $I \sim U^2$ führen. Häufig sind die theoretisch dargestellten Übergänge bei U_{tr} und U_{TFL} in **Bild 9** nicht erkennbar sowie Spannungen oberhalb von U_{TFL} nicht erreichbar, da aufgrund der zunehmenden Stromdichte ein Durchschlag im polymeren Isolierstoff auftritt [57]. Deshalb sind die Bereiche 3 und 4 zur Darstellung der Leitungsvorgänge und zur Berechnung der Stromdichte im polymeren Gleichspannungskabel bei typischen mittleren elektrischen Betriebsfeldstärken von $E \approx 15\,kV/mm$ nicht relevant.

2.4.4 Prozesse zur Ladungsträgergeneration im Inneren des Isolierstoffs

Im Inneren des polymeren Isolierstoffs erfolgt zum einen die Freisetzung von Ionen durch die Dissoziation von Ionen aus Verunreinigungen oder Additiven. Bei ausreichender elektrischer und/oder thermischer Energie werden zudem durch die *innere Feldemission* Elektronen aus den Valenzniveaus (Boltzmann-Statistik, Schottky-Effekt) oder aus flachen Haftstellen (Poole-Frenkel-Effekt) in die energetischen Zustände in den Leitungsniveaus aktiviert [23], [37]. Die notwendigen Effekte zur Aktivierung von Elektronen in Leitungsniveaus sind in **Bild 10** dargestellt.

Die Elektronendichte n_e, welche sich bei einer Temperatur T im Leitungsband bzw. -niveau einstellt, kann durch die *Boltzmann-Statistik* beschrieben werden:

$$n_e = n_0 \cdot exp\left(-\frac{W}{2kT}\right) \tag{19}$$

(mit: n_0 - Dichte aller thermisch aktivierbaren Elektronen im Abstand W zum Leitungsband; k - Boltzmann-Konstante) [37] (S. 171), [43].

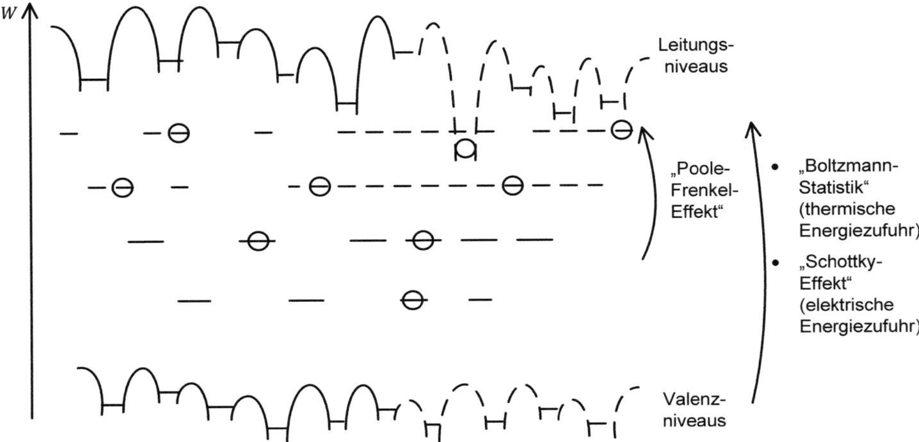

Bild 10: Effekte zur Aktivierung von Elektronen in Leitungsniveaus von polymeren Isolierstoffen [23], [37], [43]

Zudem führt das Anlegen einer elektrischen Feldstärke zu einer Verringerung der Aktivierungsenergie W durch den *Schottky-Effekt* um den Anteil

$$\Delta W = 2 \cdot C_W \sqrt{\frac{e^3 E}{4\pi\varepsilon_0\varepsilon_r}} \tag{20}$$

(mit: C_W - Umrechnungsfaktor von J in eV; $C_W = (1/1,6) \cdot 10^{-19} \frac{eV}{J}$) [37] (S. 171), [43].

Mit Hilfe der beiden Formeln ergibt sich für die durch das elektrische Feld und die thermische Energie vom Valenz- ins Leitungsband bzw. -niveau aktivierte Elektronendichte folgender Ausdruck:

$$n_e = n_0 \cdot exp\left(-\frac{W - 2 \cdot C_W \sqrt{\frac{e^3 E}{4\pi\varepsilon_0\varepsilon_r}}}{2kT}\right) .\text{[37] (S. 171)} \tag{21}$$

Fazit

Um den Anteil der in die Leitungsniveaus aktivierten Elektronen aus den Valenzniveaus bewerten zu können, wurde mit Hilfe von **Formel 21** die intrinsische elektrische Leitfähigkeit für verschiedene Temperaturen im VPE berechnet. Die Ergebnisse zeigen für die Elektronendichte n_e und elektrische Leitfähigkeit $\kappa = e\mu n_e$ um etliche Zehnerpotenzen zu kleine Werte (siehe **Tabelle 3**). Für diese Berechnungen wurde $n_0 \approx 10^{23}\,cm^{-3}$ (abgeschätzte Atomdichte im kristallinen Werkstoff [43]), $W = 5\,eV$, $E = 20\,kV/mm$ und $\mu_e = 10^{-2}cm/Vs$ [44] angenommen [23] (S. 13).

Tabelle 3: Elektronendichte und intrinsische elektrische Leitfähigkeit für verschiedene Temperaturen im VPE

ϑ **in** $^\circ C$	n_e **in** cm^{-3}	κ **in** S/cm
20	$8,79 \cdot 10^{-19}$	$1,41 \cdot 10^{-39}$
30	$1,99 \cdot 10^{-17}$	$3,19 \cdot 10^{-38}$
40	$3,68 \cdot 10^{-16}$	$5,90 \cdot 10^{-37}$
50	$5,70 \cdot 10^{-15}$	$9,13 \cdot 10^{-36}$
60	$7,47 \cdot 10^{-14}$	$1,20 \cdot 10^{-34}$
70	$8,44 \cdot 10^{-13}$	$1,35 \cdot 10^{-33}$

Aufgrund dieser Ergebnisse lässt sich schlussfolgern, dass die intrinsische Leitfähigkeit (Eigenleitfähigkeit) von polymeren Werkstoffen vernachlässigbar ist und die meisten, in die Leitungsniveaus aktivierten Elektronen entweder aus Haftstellen (Donatorzustände in der verbotenen Zone) oder aus der Katode stammen. Für die Aktivierung der Elektronen aus überwiegend energetisch flachen Haftstellen ist eine geringere thermische und/oder elektrische Energiezufuhr notwendig als von den Valenzniveaus. Dabei findet eine Elektron-Loch-Paar-Bildung statt, welche vor allem in polymeren Isolierstoffen an Strukturunregelmäßigkeiten und Fremdstoffen vorkommt. Dieser Effekt wird als *Poole-Frenkel-Effekt* bezeichnet [23] (S. 19), [37] (S. 171), [45], [46]. Um für polymere Isolierstoffe unter HGÜ-Beanspruchung eine geringere elektrische Leitfähigkeit zu erhalten, ist eine höhere Reinheit des Polymers durch Reduzierung der energetisch flachen Hafstellen (z.B. Vernetzungsrückstände, Vinylgruppen oder amorphe Bereiche) (siehe **Kapitel 2.4.1** und **Tabelle 2**) zu realisieren.

2.4.5 Haftstellenleitung

Aufgrund der teilkristallinen Struktur und der fertigungsbedingten Verunreinigungen findet in Polymeren die Haftstellenleitung durch Elektronen (auch Hopping-Leitung oder Hopping-Mechanismus) statt. Je nach vorherrschender elektrischer Feldstärke oder thermischer Energie können Elektronen die Potentialbarriere zwischen zwei Haftstellen entweder durch Hüpfen oder Tunneln überwinden. Besonders für Elektronen in den tieferen Haftstellen ist diese zugeführte Energie nicht ausreichend, sodass diese nicht an den Leitungsvorgängen teilnehmen können.

Beide Vorgänge sind schematisch in Bild auf Grundlage des erweiterten Bändermodells nach Bauser (siehe **Bild 11**) dargestellt. [38] (S. 399 - 401)

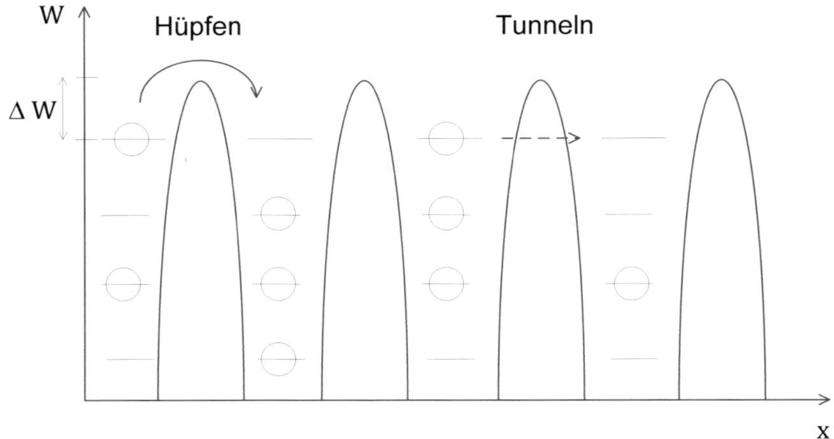

Bild 11: Schematische Darstellung der Haftstellenleitung durch Hüpfen oder Tunneln [38](S. 400)

Ist die Breite einer Potentialbarriere größer als $10\,\mathring{A} = 1\,nm$, ist die Wahrscheinlichkeit für ein Elektron höher, diese Barriere durch **Hüpfen** zu überwinden. Zusätzlich wird diese Wahrscheinlichkeit P_h durch die energetische Barrierenhöhe ΔW, die von der angelegten elektrischen Feldstärke abhängig ist, und der Frequenz ν_j beeinflusst [38] (S. 401):

$$P_h = \frac{1}{t_h} = \nu_j \cdot exp\left(-\frac{\Delta W}{k \cdot T}\right). \tag{22}$$

Die sog. attempt-to-escape jump frequency ν_j gibt die Häufigkeit pro Sekunde an, mit der ein Teilchen versucht, an einen anderen Ort zu hüpfen. Für vernetztes Polyethylen beträgt $\nu_j = 10^{-2}s^{-1} - 10^{-8}s^{-1}$ [39]. Der Parameter t_h entspricht der Verweilzeit der Elektronen in den Haftstellen. Haftstellen mit Tiefen zwischen $\Delta W = 0,1\,eV$ und $\Delta W = 1\,eV$ haben Verweildauern t_H von etwa $10^{-13}\,s$ und $500\,s$. Steigt die Temperatur T an, so können Elektronen aus energetisch tiefer werdenden Haftstellen zum Ladungstransport durch Leitungsvorgänge beitragen, sodass die elektrische Leitfähigkeit κ ansteigt. [23], [37], [43]

Zudem sind die Hüpfprozesse von den Wechselwirkungen der Elektronen mit dem Kristallgitter abhängig. In Polymeren hängen die Wechselwirkungen davon ab, ob die stärkste Bindung mit intermolekularen (vom Gitter ausgehend) oder intramolekularen Schwingungen (atomar) besteht. [38] (S. 401)

Dagegen treten die **Tunnelprozesse** bevorzugt auf, wenn die Breite der Potentialbarrieren kleiner als $1\,nm$ ist und niedrige Temperaturen ϑ (bzw. thermische Energie) vorherrschen. Dieser Prozess ist stark von der Konzentration der Verunreinigungen im Polymer abhängig. Bis zu einer bestimmten Konzentration nimmt die Aktivierungsenergie für die Elektronen ab. Darüber hinaus können sich die Ladungsträger ohne thermische Aktivierung frei im Polymer bewegen. [38] (S. 399 - 401)

2.5 Methoden zur elektrischen Feldstärkeberechnung

2.5.1 Mathematisch-physikalische Feldmodellierung

Klassifizierung und Randbedingungen

Die Approximation physikalischer Erscheinungen, wie z.B. die Felder von Drücken, Temperaturen, Massekonzentrationen, Verschiebungen oder elektromagnetischen Potentialen, erfolgt bei der *mathematisch-physikalischen Feldmodellierung* durch partielle Differentialgleichungen (pDGL) mit zugehörigen Rand- bzw. Anfangsbedingungen (als Rand- bzw. Anfangswertprobleme) zur eindeutigen Lösung des Feldproblems.

Beispielhaft lautet für ein zweidimensionales Randwertproblem die pDGL 2. Ordnung mit zwei unabhängigen (Orts-) Variablen x und y sowie Konstanten A, B, C und D:

$$A \cdot \frac{\partial^2 \Phi}{\partial x^2} + 2 \cdot B \cdot \frac{\partial^2 \Phi}{\partial x\, \partial y} + C \cdot \frac{\partial^2 \Phi}{\partial y^2} = D \left(x, y, \Phi, \frac{\partial \Phi}{\partial x}, \frac{\partial \Phi}{\partial y} \right). \tag{23}$$

Je nach Form von D kann eine Klassifizierung der Differentialgleichungen (DGL) vorgenommen werden:

- $B^2 - A \cdot C < 0 \;\Rightarrow$ elliptische DGL,
- $B^2 - A \cdot C = 0 \;\Rightarrow$ parabolische DGL *oder*
- $B^2 - A \cdot C > 0 \;\Rightarrow$ hyperbolische DGL. [58]

Zur Bestimmung der partikulären (speziellen) Lösung sind je nach Grad N der pDGL auch N Rand- oder Anfangsbedingungen für die zu lösende Variable Φ notwendig. Diese lassen sich wie folgt unterscheiden:

- 1. Art (Dirichlet-Bedingung): $\Phi(x_0, y_0)$ bzw. $\Phi(t_0)$ ist gegeben
- 2. Art (Neumann-Bedingung): $\partial\Phi(x_0, y_0)/\partial n$ bzw. $\partial\Phi(t_0)/\partial n$ ist gegeben
- 3. Art (gemischte Bedingung): $\alpha \cdot \Phi(x_0, y_0) + \beta \cdot [\partial\Phi(x_0, y_0)/\partial n] = \gamma$ bzw. $\alpha \cdot \Phi(t_0) + [\beta \cdot \partial\Phi(t_0)/\partial n = \gamma]$ ist gegeben. [58]

Im Folgenden werden auf Grundlage der notwendigen *Maxwellschen Gleichungen* die partiellen Differentialgleichungen aufgestellt, die für das Zuschalten und für den stationären Zustand im Isolierstoff eines Kabels unter Gleichspannungsbeanspruchung relevant sind.

Zuschaltmoment

Beim Zuschalten einer Gleichspannung stellt sich im Isolierstoff eines Gleichspannungskabels zunächst ein *dielektrisches Verschiebungsfeld* ein. Aufgrund der zeitlichen Änderung der Spannung entsteht ein kapazitiver Verschiebungsstrom

$$i(t) = C \cdot \frac{\partial u}{\partial t} \tag{24}$$

bzw. aufgrund der resultierenden elektrischen Feldstärkeänderung eine dielektrische Verschiebungsstromdichte

$$\frac{\partial \vec{D}}{\partial t} = \varepsilon_0 \cdot \varepsilon_r(r) \cdot \frac{\partial \vec{E}}{\partial t}. \tag{25}$$

Für die Bestimmung der elektrischen Feldstärke wird näherungsweise eine Radialsymmetrie des elektrischen Feldes angenommen. Zudem wird davon ausgegangen, dass sich die Feldgrößen nur in radialer Richtung ändern und entlang der $z-$Achse konstant sind. Weiterhin wird für eine allgemeine Betrachtung angenommen, dass die relative Permittivität $\varepsilon_r(r) \neq konst.$ nicht homogen ist und Randverzerrungen vernachlässigt werden können, wenn der Quotient aus Kabellänge und äußerem Radius $\ell/r_a \gtrsim 10$ ist. Im Folgenden gilt: $\varepsilon_0 \cdot \varepsilon_r(r) = \varepsilon(r)$.

Damit ergibt sich durch die Annahme von Zylinderkoordinaten, wobei die $z-$ Achse auf der Leitermittelachse liegt:

$$E(\vec{r}) = -grad\varphi(r) \text{ und} \tag{26}$$

$$divD(\vec{r}) = div[\varepsilon(r) \cdot \vec{E}(r)] = \varrho. \tag{27}$$

Die Auflösung der Divergenz div lässt sich wie folgt schreiben:

$$\begin{aligned} div[\varepsilon(r) \cdot \vec{E}(r)] &= \nabla \cdot [\varepsilon(r) \cdot E(\vec{r})] = E(\vec{r})\nabla\varepsilon(r) + \varepsilon(r)\nabla E(\vec{r}) && (28)\\ &= E(\vec{r}) \cdot grad\varepsilon(r) + \varepsilon(r) \cdot divE(\vec{r}) = \varrho(r) && (29)\\ &= -grad\varphi(r)\, grad\varepsilon(r) - \varepsilon(r)\, divgrad\varphi(r) = \varrho(r) && (30)\\ &= \Delta\varphi(r) + \frac{grad\varepsilon(r)}{\varepsilon(r)} grad\varphi(r) = -\frac{\varrho(r)}{\varepsilon(r)}. && (31) \end{aligned}$$

Aufgrund der getroffenen Annahme, dass sich das Potential $\varphi(r)$ und die relative Permittivität $\varepsilon(r)$ nur in radialer Richtung ändern, können für $\Delta\varphi(r)$, $grad\,\varepsilon(r)$ und $grad\,\varphi(r)$ mit Hilfe der Zylinderkoordinaten nachfolgende Ausdrücke formuliert werden [58]:

$$\Delta\varphi(r) = \frac{1}{r} \cdot \frac{\partial}{\partial r} \cdot \left(r \cdot \frac{\partial\varphi(r)}{\partial r}\right) + \underbrace{\frac{1}{r^2} \cdot \frac{\partial^2\varphi(r)}{\partial\alpha^2}}_{\approx 0} + \underbrace{\frac{\partial^2\varphi(r)}{\partial z^2}}_{\approx 0} = \frac{1}{r} \cdot \frac{d}{dr} \cdot \left(r \cdot \frac{d\varphi(r)}{dr}\right), \tag{32}$$

$$grad\,\varepsilon(r) = \frac{\partial\varepsilon(r)}{\partial r}\vec{e_r} + \underbrace{\frac{1}{r}\frac{\partial\varepsilon(r)}{\partial\alpha}\vec{e_\alpha}}_{\approx 0} + \underbrace{\frac{\partial\varepsilon(r)}{\partial z}\vec{e_z}}_{\approx 0} = \frac{d\varepsilon(r)}{dr}\vec{e_r} \text{ und} \tag{33}$$

$$grad\,\varphi(r) = \frac{\partial\varphi(r)}{\partial r}\vec{e_r} + \underbrace{\frac{1}{r}\frac{\partial\varphi(r)}{\partial\alpha}\vec{e_\alpha}}_{\approx 0} + \underbrace{\frac{\partial\varphi(r)}{\partial z}\vec{e_z}}_{\approx 0} = \frac{d\varphi(r)}{dr}\vec{e_r}. \tag{34}$$

Durch Einsetzen dieser Terme ergibt sich der Ausdruck:

$$\boxed{\frac{d^2\varphi(r)}{dr^2} + \left(\frac{1}{r} + \frac{1}{\varepsilon(r)} \cdot \frac{d\varepsilon(r)}{dr}\right) \cdot \frac{d\varphi(r)}{dr} + \frac{\varrho(r)}{\varepsilon(r)} = 0} \text{ (für } \varepsilon(r) \neq konst.). \tag{35}$$

Formel 35 zeigt, dass im elektrostatischen Feld die elektrische Potential- bzw. Feldstärkeverteilung von der Permittivität $\varepsilon = \varepsilon_0 \cdot \varepsilon_r$ abhängig ist. Für ein homogenes Medium mit $\varepsilon = konst.$ vereinfacht sich diese Formel weiter zur bekannten

Poisson-Gleichung:

$$\frac{d^2\varphi(r)}{dr^2} + \frac{1}{r}\frac{d\varphi(r)}{dr} + \frac{\varrho(r)}{\varepsilon} = 0 \to \Delta\varphi(r) = -\frac{\varrho(r)}{\varepsilon}. \tag{36}$$

Stationärer Zustand unter Gleichspannungsbeanspruchung

Nach einem *Übergangsvorgang* stellt sich nach langer Zeit $t \simeq 5\tau$ einen *stationäres Strömungsfeld* ein, bei dem die elektrische Feldstärke $\vec{E}(r)$ eine Leitungsstromdichte $\vec{J}(r)$ hervorruft:

$$\vec{J}(r) = \kappa(r) \cdot \vec{E}(r). \tag{37}$$

Da unter stationären Bedingungen alle zeitlichen Ableitungen der relevanten Maxwellschen Gleichungen null gesetzt werden können ($\partial/\partial t = 0$), verbleiben die vektorielle Feldgröße *elektrische Feldstärke* $\vec{E}(r)$, der Integralparameter *Ladung* Q sowie die *elektrische (Leitungs-) Stromdichte* $\vec{J}(r) \neq 0$ und die Materialgröße *elektrische Leitfähigkeit* $\kappa(r)$.

Damit folgt für das Induktionsgesetz

$$rot\vec{E}(r) = -\frac{\partial\vec{B}}{\partial t} = 0 \to \vec{E}(r) = -grad\,\varphi(r) \tag{38}$$

und die Ableitung vom Ladungserhaltungssatz

$$div\vec{J}(r) = -\frac{\partial\varrho(\vec{r})}{\partial t} = 0. \tag{39}$$

Diese Ableitung lässt sich durch Auflösung der div auch wie folgt schreiben:

$$div\vec{J}(r) = div(\kappa(r) \cdot \vec{E}(r) = \vec{E}(r)\nabla\kappa(r) + \kappa(r)\nabla\vec{E}(r) \tag{40}$$

$$div\vec{J}(r) = \vec{E}(r) \cdot grad\,\kappa(r) + \kappa(r) \cdot div\vec{E}(r) = 0. \tag{41}$$

Mit $\vec{E}(r) = -grad\,\varphi(r)$ folgt:

$$\Delta\varphi(r) + \frac{grad\,\kappa(r)}{\kappa(r)} \cdot grad\,\varphi(r) = 0. \tag{42}$$

Unter der Annahme, dass sich das Potential $\varphi(r)$ und die elektrische Leitfähigkeit $\kappa(r)$ nur in radialer Richtung ändern (d.h. $\partial/\partial r \neq 0$), können für $\Delta\varphi(r)$, $grad\,\kappa(r)$

und $grad\,\varphi(r)$ mit Hilfe der Zylinderkoordinaten nachfolgende Ausdrücke formuliert werden:

$$\Delta\varphi(r) = \frac{1}{r}\cdot\frac{\partial}{\partial r}\cdot\left(r\cdot\frac{\partial\varphi(r)}{\partial r}\right) + \underbrace{\frac{1}{r^2}\cdot\frac{\partial^2\varphi(r)}{\partial\alpha^2}}_{\approx 0} + \underbrace{\frac{\partial^2\varphi(r)}{\partial z^2}}_{\approx 0} = \frac{1}{r}\cdot\frac{d}{dr}\cdot\left(r\cdot\frac{d\varphi(r)}{dr}\right), \tag{43}$$

$$grad\,\kappa(r) = \frac{\partial\kappa(r)}{\partial r}\vec{e_r} + \underbrace{\frac{1}{r}\frac{\partial\kappa(r)}{\partial\alpha}}_{\approx 0}\vec{e_\alpha} + \underbrace{\frac{\partial\kappa(r)}{\partial z}}_{\approx 0}\vec{e_z} = \frac{d\kappa(r)}{dr}\vec{e_r} \text{ und} \tag{44}$$

$$grad\,\varphi(r) = \frac{\partial\varphi(r)}{\partial r}\vec{e_r} + \underbrace{\frac{1}{r}\frac{\partial\varphi(r)}{\partial\alpha}}_{\approx 0}\vec{e_\alpha} + \underbrace{\frac{\partial\varphi(r)}{\partial z}}_{\approx 0}\vec{e_z} = \frac{d\varphi(r)}{dr}\vec{e_r}. \tag{45}$$

Damit ergibt sich für **Formel 42** und $r_1 \leq r \leq r_2$ der Ausdruck:

$$\frac{1}{r}\cdot\frac{d}{dr}\cdot\left(r\cdot\frac{d\varphi(r)}{dr}\right) + \frac{1}{\kappa(r)}\cdot\frac{d\kappa(r)}{dr}\cdot\frac{d\varphi(r)}{dr} = \frac{d^2\varphi(r)}{dr^2} + \left(\frac{1}{r} + \frac{1}{\kappa(r)}\frac{d\kappa(r)}{dr}\right)\frac{d\varphi(r)}{dr} = 0. \tag{46}$$

Formel 46 zeigt, dass die elektrische Potential- bzw. Feldstärkeverteilung im stationären Zustand einer Gleichspannungsbeanspruchung von der elektrischen Leitfähigkeit $\kappa(r)$ bestimmt wird. Daher muss zur Lösung von **Formel 46** die radiale Verteilung der elektrischen Leitfähigkeit auf Grundlage von Messungen bestimmt oder durch empirische Ansätze angenommen werden (siehe **Kapitel 2.6**).

2.5.2 Lösungsansätze zur Feldberechnung

2.5.2.1 Überblick

Wie im **Kapitel 2.5.1** dargelegt ist, werden Feldprobleme durch (partielle) Differentialgleichungen definiert, deren korrekte Lösung durch die Anwendung einer geeigneten Methode erhalten werden kann. Da der Aufwand zur analytischen Lösung einer pDGL oft sehr hoch ist, werden häufig *semi-analytische* oder *numerische* Verfahren verwendet (siehe **Tabelle 4**) [58]. In dem nachfolgenden Unterkapitel wird beispielhaft auf die *Finite-Elemente-Methode (FEM)* als häufiges numerisches Verfahren zur Feldberechnung eingegangen. Auf diese Methode wird bei der numerischen Feldstärkeberechnung mittels *COMSOL Multiphysics* in **Kapitel 4** zurückgegriffen.

Tabelle 4: Analysemethoden zur Feldberechnung

analytisch		**semi-analyt./ numerisch**	**numerisch**	
exakte Methoden: • direkte Integration • Trennung der Variablen • Superpositionsprinzip • Spiegelungsmethode • konforme Abbildung • Reihenentwicklungen etc.	Approximationen: • Rayleigh-Ritz-Methode • Galerkin-Methode etc.	semi-analytisch: • **Ladungsüberlagerungsverfahren (CSM)** • Sonderfälle der Momentenmethode • Fourier-Transformation etc. semi-numerisch: • Momentenmethode	numerische Lösung: • numerische Integration • finite Differenzen	finite / diskrete Elemente: • siehe **Tabelle 20**
Feldgleichungen und Randbedingungen werden exakt erfüllt		**semi-analyt.: Feldgleichungen erfüllt semi-numerisch: Randbedingungen erfüllt**	**Feldgleichungen und Randbedingungen werden nicht exakt erfüllt**	

2.5.2.2 Numerische Methoden

Übersicht über die Methoden

Die Verwendung von numerischen Methoden zur Berechnung von elektrischen Feldern ist sinnvoll, wenn die analytische Lösung nicht oder nur sehr schwer auszuwerten ist. Durch die Rechentechnik und Entwicklung entsprechender Berechnungssoftware können zu lösende Feldprobleme relativ einfach implementiert und schnell gelöst werden. **Tabelle 20** (siehe **Anhang A2**) (aus [58]) gibt einen Überblick über verschiedene numerische Verfahren, welche eine Feldberechnung auf Basis einer partiellen Differentialgleichung, Integralformulierung oder eines Variationsproblems vornehmen. Diese Methoden sind prinzipiell auch zur Berechnung von thermischen oder magnetischen Feldern geeignet (siehe **Kapitel 2.7**). [58] (S. 86)

Heute hat sich die *Finite-Elemente-Methode (FEM)* als häufigstes numerisches Verfahren in der verfügbaren Berechnungssoftware (z.B. *COMSOL Multiphysics, Ansys Maxwell*) durchgesetzt. Besonders für lineare Randwertprobleme wird zwar teilweise auch das *Differenzenverfahren* verwendet, welches jedoch für nichtlineare Probleme aufgrund von Schwierigkeiten bei der Lösung des zugehörigen nichtlinearen Gleichungssystems eher ungeeignet ist. [58]

Für viele technische Anordnungen ist eine zweidimensionale Feldberechnung ausreichend, wenn die räumliche Feldverteilung in einer Richtung eine sehr viel kleinere Ortsabhängigkeit gegenüber den beiden anderen Richtungen aufweist. Besonders für Kabelsysteme ist die Ortsabhängigkeit der $z-$Achse (d.h. entlang des Leiters bzw. der Kabeltrasse) vernachlässigbar, sodass sich der Aufwand zur Implementierung der Geometrie, die Rechenzeit und der Speicherplatzbedarf erheblich reduzieren lassen. Daher wird bei den nachfolgenden Betrachtungen zur Feldberechnung im Gleichspannungskabel von einer zweidimensionalen Anordnung ausgegangen. (z.B. [60])

Finite-Elemente-Methode (FEM)

Für die numerische Berechnung der elektrischen Feldstärkeverteilung in **Kapitel 4** wurde die *Finite-Elemente-Methode (FEM)* in *COMSOL Multiphysics* verwendet. Diese Methode ist ein spezielles Ansatzverfahren für die stationäre Lösung von Randwertaufgaben elektromagnetischer Felder in abgeschlossenen räumlichen Bereichen. Durch das Aufstellen eines äquivalenten Variationsproblems wird anstatt der exakten Lösung der feldbeschreibenden Differentialgleichung eine Näherung erhalten, deren Abweichung jedoch durch das Lösen eines mathematischen Minimierungsproblems (d.h. Funktional bzw. Energieintegral $I \rightarrow 0$) klein gegenüber der analytischen Lösung ist. [58], [60]

Im **Anhang A2** wird das Prinzip der FEM anhand eines **zweidimensionalen** elektrischen Feldproblems für einen inhomogenen Stoff (mit $\varepsilon(x,y), \kappa(x,y) \neq konst.$) nachvollzogen.

2.6 Methoden zur Bestimmung der elektrischen Leitfähigkeit

2.6.1 Messung des spezifischen Durchgangswiderstands für Feststoffe nach DIN EN 62631-3-1 (VDE 0307-3-1)

Die DIN EN 62631-3-1 (VDE 0307-3-1):2017-01 [65] ist eine Norm zur messtechnischen Bestimmung des spezifischen Durchgangs- und Oberflächenwiderstands von festen, elektrisch isolierenden Materialien. Zur Messung des Durchgangswiderstands werden in der Regel drei Elektroden (d.h. eine Elektrode für Potential und eine geerdete *Schutzringanordnung* aus einer Ring- und Messelektrode) in einer abgeschirmten Zelle verwendet (siehe **Bild 12**). Die Schutzringanordnung dient dazu, Oberflächenströme gegen Erde abfließen zu lassen, um einen Einfluss auf den Durchgangsstrom durch den festen Isolierstoff auszuschließen. [65]

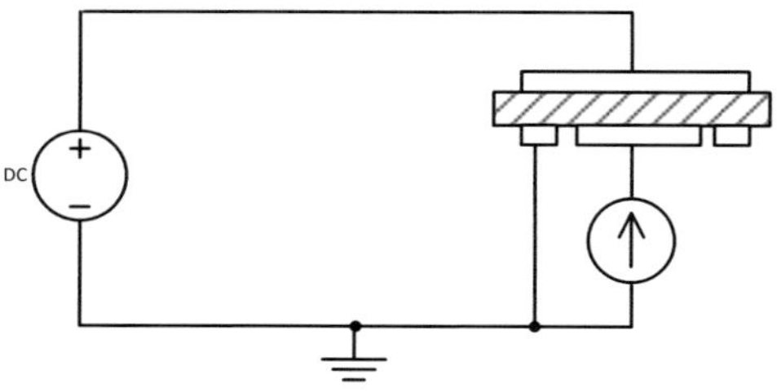

Bild 12: Prüfaufbau zur Bestimmung des spezifischen Durchgangswiderstands nach DIN EN 62631-3-1 (VDE 0307-3-1):2017-01 [65]

Die normgerechten Messungen erfolgen häufig mit festgelegten Spannungen von $10, 100, 500, 1.000$ oder $10.000\,V$. Hinsichtlich des Elektrodenkontaktmaterials sind viele Möglichkeiten vorgesehen: z.B. Leitsilber, Sprühmetall, aufgedampftes oder gesputtertes Metall, Flüssigkeitselektroden, kolloidaler Graphit, Leitgummi oder Metallfolien. Diese Elektroden müssen während der Messung einen guten Kontakt zum Prüfling aufweisen. [65]

Vor Beginn der eigentlichen Messung sind die (Platten-) Prüflinge für mindestens $24\,h$ unter den jeweiligen Klimabedingungen zu lagern. Zudem müssen die Elektroden auf $\pm 1\,\%$ genau vermessen werden. Daraufhin werden die Potential- und Messelektrode kurzgeschlossen und der Kurzschlussstrom solange gemessen, bis sich ein konstanter Wert eingestellt hat. Damit wird der Prüfling in einen (depolarisierten) entladenen Zustand gebracht. Anschließend wird die Prüfspannung angelegt und in fest definierten Zeitintervallen von $1, 2, 5, 10, 50$ und 100 Minuten die sich einstellende (Polarisations-) Stromstärke (in $nA...pA$) gemessen, bis sich nach zwei aufeinander folgenden Messzeitpunkten ein (nahezu) konstanter Wert I_S eingestellt hat und die Messung beendet wird. [65] Als nahezu konstanter Wert wird im Rahmen der Arbeit eine Änderung von weniger als $1\,\%$ innerhalb von $100\,min$ definiert.

Mit den gemessenen Parametern (Querschnitt der Messelektrode A, Dicke d des Plattenprüflings, Prüfspannung U, Endwert des Polarisationsstrom I_S) wird anhand der Definitionen aus VDE 0307-3-1 der *spezifische Durchgangswiderstand*

$$\rho = R_x \cdot \frac{A}{d} = \frac{U}{I_S} \cdot \frac{A}{d} \tag{47}$$

bestimmt.

2.6.2 Messung dielektrischer Systemeigenschaften für Feststoffe im Zeitbereich (PDC-Analyse)

Bei der *PDC-Analyse* handelt es sich um eine Sprungantwortmessung, bei der durch die Bildung der Betragsdifferenz aus den Strömen der Polarisations- und Depolarisationsmessung nach relativ kurzer Zeit auf den leitfähigkeitsbedingten Endwert des Stromes I_∞ aus der Polarisationsmessung (den *Leitungsstrom*)

$$i_1(t) + i_2(t + t_L) \approx \frac{U}{R_\infty} = I_\infty \tag{48}$$

(mit: i_1- Polarisations- und Leitungsstrom, i_2- Depolarisationsstrom, t_L - Ladezeit)

bzw. auf die (stationäre) elektrische Leitfähigkeit κ geschlossen werden kann (siehe **Bild 13**). Als Messanordnung wird der genormte Prüfaufbau mit Schutzringanordnung nach DIN VDE 0307-3-1 [65] verwendet (siehe **Kapitel 2.6.1**). [64], [66] (S. 45 - 47)

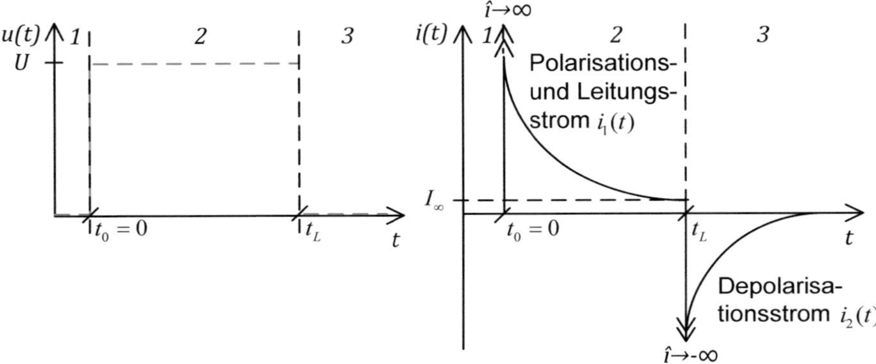

Bild 13: Prinzip der PDC-Analyse: Spannungsverlauf (links) und Stromverlauf als Sprungantwort (rechts) ([66])

Die Analyse beginnt im ersten Schritt (Phase 1) mit dem Herstellen des Gleichgewichtszustands im spannungslosen Zustand, um eine Entladung des Prüflings von elektrostatischer Aufladung und aller Polarisationsvorgänge zu erreichen. Außerdem muss während dieser Phase eine Erwärmung des Prüflings auf eine definierte Temperatur ϑ realisiert werden. [64], [66] (S. 46)

Im nächsten Zyklus (Phase 2) wird ab $t_0 = 0$ eine konstante Gleichspannung U für eine bestimmte Zeitdauer (Ladezeit) t_L angelegt und der sich einstellende Strom $i_1(t)$ gemessen. Durch das Abklingen der Polarisationsvorgänge nimmt $i_1(t)$ mit zunehmender Zeit t ab und nähert sich asymptotisch einem Endwert I_∞ an, hervorgerufen durch die Leitungsvorgänge im Isolierstoff. Das bedeutet, dass sich der Strom $i_1(t)$ aus der Summe eines (abklingenden) Polarisations- und eines Leitungsstroms zu

$$i_1(t) = \frac{U}{R_\infty} + \sum_i \left(\frac{U}{R_i} \cdot e^{-\frac{t}{\tau_i}} \right) \tag{49}$$

zusammensetzt [64] (S. 37). Die sich im stationären Zustand einstellende elektrische Leitfähigkeit κ lässt sich mit Hilfe des Endwertes von $i_1(t \to \infty) = I_\infty$, der Dicke des Plattenprüflings d und der Querschnittfläche A der Messelektrode (auf Erdpotential) wie folgt bestimmen:

$$\kappa = \frac{d}{A} \cdot \frac{1}{R} = \frac{d}{A} \cdot \frac{I_\infty}{U} \text{[66] (S. 46).} \tag{50}$$

Wird die elektrische Leitfähigkeit vor dem Erreichen des stationären Zustands dargestellt, dann handelt es sich um eine *scheinbare elektrische Leitfähigkeit*

$$\kappa_S = \frac{d}{A} \cdot \frac{1}{R} = \frac{d}{A} \cdot \frac{i_1(t)}{U}. \tag{51}$$

Aufgrund der noch nicht abgeschlossenen Polarisationsprozesse gilt: $\kappa_S > \kappa$. [64], [130] (S. 244)

Im letzten Schritt (Phase 3) wird die Gleichspannung abgeschaltet und der Prüfkörper kurzgeschlossen. Während des Entladevorganges fließt ein Depolarisationsstrom $i_2(t)$ (Entladestrom) mit negativem Vorzeichen ([64]):

$$i_2(t) = i_{Depol}(t) = -\sum_i \left(\frac{u_{ci}(t_L)}{R_i} \cdot e^{-\frac{t-t_L}{\tau_i}} \right) \tag{52}$$

(mit: $u_{ci}(t_L)$ - Spannungsabfall über nach t_L aufgeladene Ersatzkapazitäten C_i). [64] (S. 37)

Da der Gleichstromwiderstand des Plattenprüflings während des Depolarisationsvorganges kurzgeschlossen ist, existiert kein Leitungsstromanteil mehr, sodass durch diesen Strom $i_2(t)$ eine Information über die während der Ladezeit t_L gespeicherte Ladungsmenge erhalten werden kann. [64], [66]

Im Rahmen der eigenen Messungen wurde gemäß der dargelegten Vorgehensweise die scheinbare elektrische Leitfähigkeit κ_S an plattenförmigen Prüfkörpern aus LDPE mit einer Dicke von $1\,mm$ bestimmt. Für die betriebsrelevanten elektrischen Feldstärken $E = 8 - 24\,kV/mm$ (Abstufung in $2\,kV/mm$-Schritten) (siehe **Kapitel 2.2.2**) und Temperaturen $\vartheta = 50, 60, 80$ und $90\,°C$ wurde der Polarisationsstrom $i_1(t)$ gemessen und nach **Formel 51** umgerechnet. **Bild 14** zeigt die zeitlichen Verläufe der scheinbaren elektrischen Leitfähigkeit κ_S für $\vartheta = 60\,°C$ (untere Kurvenschar) und $80\,^\circ C$ (obere Kurvenschar).

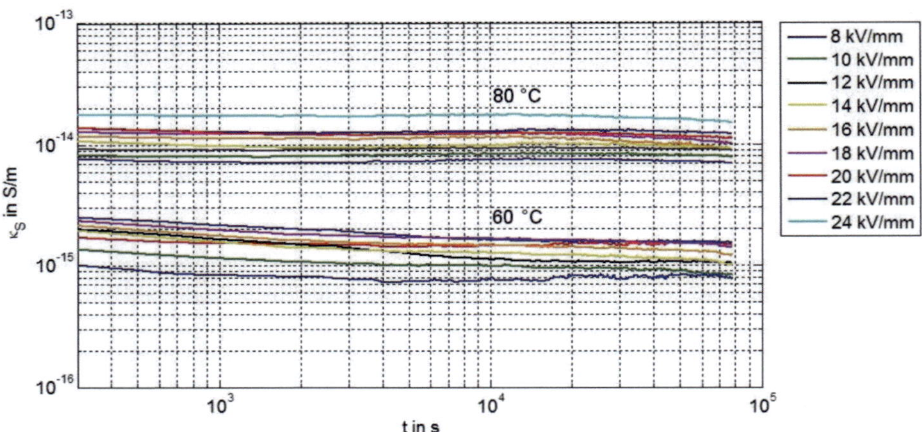

Bild 14: Scheinbare elektrische Leitfähigkeit κ_S für LDPE bei $\vartheta = 60\,^\circ C$ und $80\,^\circ C$

Die Auswertung dieser zeitlichen Verläufe zeigt, dass nach $t \approx 80.000\,s$ der Polarisationsstrom $i_1(t)$ nahezu abgeklungen (d.h. die Änderung von $i_1(t)$ über $t \approx 1\,h$ war kleiner als $1\,\%$) und ein stationärer Endwert I_∞ erreicht ist. Gemäß **Formel 50** ist dieser Wert für die Berechnung der elektrischen Leitfähigkeit κ notwendig. Zwecks Vergleichbarkeit sind diese Werte κ für alle betrachteten Temperaturen $\vartheta = 50, 60, 80$ und $90\,^\circ C$ in **Bild 15** dargestellt. Die Ergebnisse zeigen einen schwachen Einfluss der elektrischen Feldstärke und einen starken Einfluss der Temperatur auf die sich einstellende elektrische Leitfähigkeit κ. Mit Hilfe diese Werte wird im nachfolgenden Kapitel das Fitting einer empirischen Funktion vorgenommen, die im Simulationsmodell für die numerische elektrische Feldstärkeberechnung in **Kapitel 4** implementiert ist.

2.6.3 Empirische Ansätze

Für die temperatur- und feldstärkeabhängige (empirische) mathematische Formulierung der elektrischen Leitfähigkeit $\kappa(r)$ werden in der Literatur verschiedene Ansätze verwendet. Ein häufiger Ansatz ([43], [68]), der auf dem Prozess der Haftstellenleitung in Polymeren basiert, lautet:

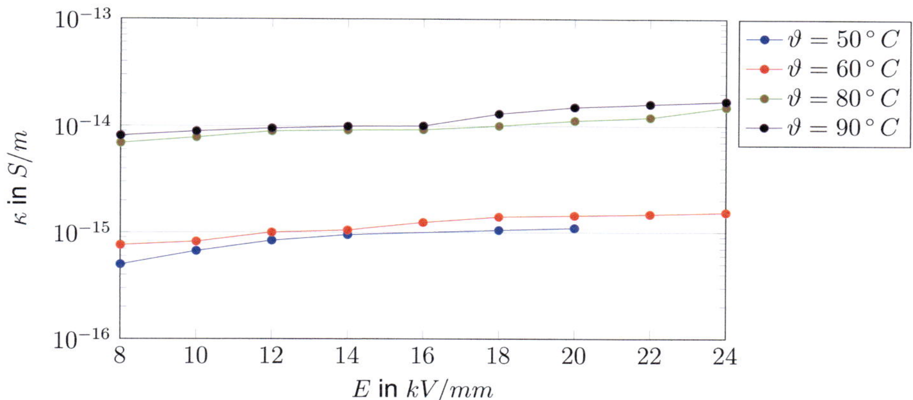

Bild 15: Elektrische Leitfähigkeit κ für LDPE bei $\vartheta = 50, 60, 80$ und $90\,°C$ (eigene Messungen)

$$\kappa(T, E) = A \cdot exp(-\frac{W_a}{k \cdot T}) \cdot \frac{sinh(B \cdot |E|)}{|E|} \tag{53}$$

(mit: A und B - Konstanten, W_a - thermische Aktivierungsenergie in eV, k - Boltzmannkonstante).

Für die Konstanten werden je nach Güte des Isolierstoffs folgende Wertebereiche angenommen:

- $A \approx (3,2 - 3,6) \cdot 10^7$
- $B \approx (1 - 2,8) \cdot 10^{-7}$ [69].

Zwei weitere, häufig verwendete Ansätze formulieren den Zusammenhang zwischen der elektrischen Leitfähigkeit, Temperatur und elektrischen Feldstärke auf Basis von Exponentialfunktionen mit Hilfe von (konstanten) Fitting-Koeffizienten:

$$\kappa(r, T, E) = \kappa_0 \cdot e^{\alpha \cdot T(r)} \cdot e^{\beta \cdot E(r)} ([67]) \tag{54}$$

$$\kappa(r, T, E) = \kappa_0 \cdot \left(\frac{E}{E_0}\right)^{\nu} \cdot e^{\alpha(T - T_0)}. \tag{55}$$

Mit den Koeffizienten α, β und ν wird eine Gewichtung zur Abhängigkeit der Temperatur $T(r)$ (in K) und elektrischen Feldstärke $E(r)$ (in mm/kV) hergestellt. Für vernetztes Polyethylen (VPE) werden häufig die Werte $\alpha \approx 0,05 - 0,1\,K^{-1}$ bzw. $°C^{-1}$ ([71]), $\beta \approx 0,07 - 0,17\,mm/kV$ ([71]) und $\nu \approx 1,8$ ([70]) angesetzt. **Bild 16** zeigt den Einfluss der Koeffizienten $\alpha = 0 - 0,1\,{}^\circ C^{-1}$, $\beta = 0 - 0,2\,mm/kV$ und $\kappa_0 = 10^{-13} - 10^{-18}$ auf die berechnete elektrische Leitfähigkeit $\kappa(r, \vartheta, E = 10\,kV/mm)$ nach Formel 54.

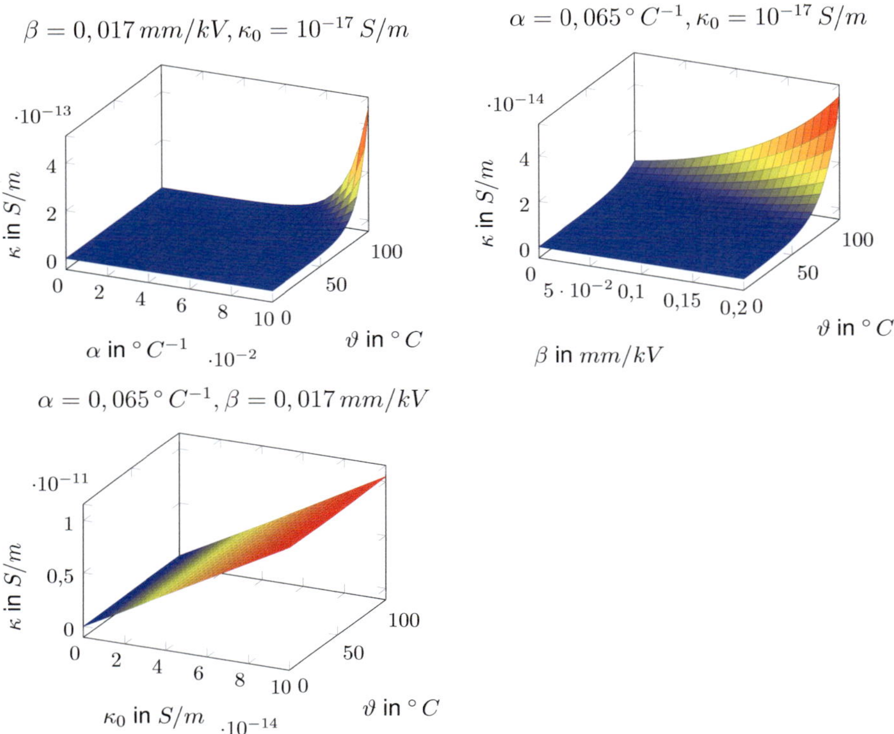

Bild 16: Einfluss der Koeffizienten α (oben links), β (oben rechts) und κ_0 (unten) auf die elektrische Leitfähigkeit $\kappa(r, \vartheta, E = 10\,kV/mm)$ nach Formel 54

Die Ergebnisse in **Bild 16** zeigen, dass der Parameter κ_0 den stärksten Einfluss auf die berechnete elektrische Leitfähigkeit $\kappa(r, \vartheta, E = 10\,kV/mm)$ ausübt. Für Temperaturen $\vartheta > 60\,{}^\circ C$ beeinflussen die Koeffizienten α und β die berechnete elektrische Leitfähigkeit κ. Deshalb wurde mit Hilfe der Messwerte aus **Kapitel 2.6.2** ein Fitting von **Formel 54** vorgenommen und die Parameter $\kappa_0 = 10^{-17} S/m, \alpha = 0,065\,{}^\circ C^{-1}$ und $\beta = 0,075\,mm/kV$ gesetzt (siehe **Bild 17**). Diese Gleichung bildet eine Grundlage für die Betrachtungen und Berechnungen in den **Kapiteln 3** und **4**.

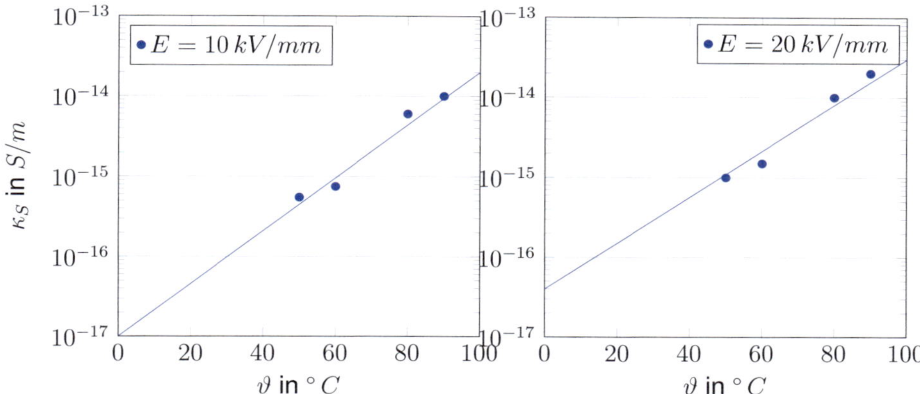

Bild 17: Gegenüberstellung der empirischen Funktion mit Messwerten für $E = 10\,kV/mm$ (links) und $20\,kV/mm$ (rechts)

2.7 Mathematisch-physikalische Berechnung der Temperaturverteilung

2.7.1 Analoge Größen skalarer Potentialfelder

Auf Grundlage von **Tabelle 5** können durch die Analogien zwischen den skalaren Potentialfeldern Zusammenhänge für die partiellen Differentialgleichungen (Poisson-Typ) zwischen elektrischen und thermischen Feldern hergestellt werden.

Damit gelten für die resultierenden Temperaturfelder, wie sie beispielsweise im Leiter, im Isolierstoff und in der Umgebung eines im Betrieb befindlichen Gleichspannungskabels auftreten, nachfolgende Zusammenhänge. Für ein transientes Temperaturfeld (mit $\partial/\partial t \neq 0$) gilt:

$$div\,\lambda\,grad\,T + q = \rho_D \cdot c \cdot \frac{\partial T}{\partial t} \tag{56}$$

(mit: ρ_D - Dichte, c - spezifische Wärmekapazität)

bzw. für ein stationäres Temperaturfeld (mit $\partial/\partial t = 0$) vereinfacht sich die pDGL zu:

$$div\,\lambda\,grad\,T + q = 0. \tag{57}$$

Beide Differentialgleichungen dienen auch als Grundlage zur Aufstellung des Funktionals I zur numerischen Bestimmung von thermischen Feldern mittels der Finite-

Tabelle 5: Analoge Größen skalarer Potentialfelder

Größe	**Elektrostatisches Feld**	**Temperaturfeld**
Potential	Potential φ	Temperatur T
Intensität	elektrische Feldstärke $\vec{E}$	Temperaturgradient $grad\,T$
Materialgrößen	elektrischer Widerstand R	Wärmewiderstand R_{th}
	Permittivität ε	Wärmeleitfähigkeit λ
Flussdichte	Verschiebungsstromdichte $\vec{D}$	Wärmestromdichte q
Quellenstärke	elektrische Ladungsdichte ϱ	Wärmequellendichte q
Integral-parameter	Kapazität C	Wärmekapazität C_W

Elemente-Methode. Im Folgenden wird nicht weiter auf dieses numerische Prinzip für die thermische Feldberechnung eingegangen, da das Prinzip grundsätzlich keine Veränderungen gegenüber der elektrischen Feldstärkeberechnung (siehe **Kapitel 2.5.2.2**) aufweist.

In den nachfolgenden Unterkapiteln werden auf Grundlage dieser Analogien und (Differential-) Gleichungen die jeweiligen Temperaturfelder im Leiter, im Isolierstoff und in der Umgebung des Kabels durch analytische Gleichungen dargelegt. Damit mit dieser analytischen Berechnung eine Verifikation der numerischen Berechnung der Temperaturverteilung in **Kapitel 4.3** möglich ist, wurden dieselben Material-, Geometrie und Betriebsparameter zu Grunde gelegt.

2.7.2 Relative Temperaturverteilung im Innenleiter

Im Innenleiter existiert der Mechanismus der Wärmeleitung, der sich nach der Art der Materie (Fluide oder Festkörper) unterscheidet. Speziell in elektrisch leitenden Festkörpern (Metalle oder Legierungen) wird die Wärme mit dem Strom der freien Elektronen bzw. durch die unmittelbare Berührung der Teilchen entlang des Körpers (Innenleiter) transportiert.

Die übertragene Wärmeleistung P_L bzw. der Wärmestrom q wird von der Wärmeleitfähigkeit λ_i des Innenleiters, der senkrecht durchströmten Fläche des Innenleiters A_L und vom Temperaturgradienten $\Delta\, T_L$ bestimmt. Dieser Zusammenhang wird durch das Fouriersche Gesetz, das mathematisch einer partiellen Differentialgleichung 2. Ordnung (Poisson-Typ) entspricht, bestimmt:

$$div\, \lambda\, grad\, T + q = 0 \;\;\Rightarrow\;\; \Delta T_L = -\frac{q}{\lambda_L} \tag{58}$$

(mit: λ_L - Wärmeleitfähigkeit des Innenleiters (Kupfer oder Aluminium)).

Der Ausdruck ΔT_L lässt sich durch Anwendung der Zylinderkoordinaten durch die Gleichung

$$\Delta T_L = div(grad\, T) = \frac{\partial^2 T}{\partial r^2} + \frac{1}{r} \cdot \frac{\partial T}{\partial r} + \frac{1}{r^2} \cdot \frac{\partial^2 T}{\partial \alpha^2} + \frac{\partial^2 T}{\partial z^2} \tag{59}$$

formulieren. Durch die Annahme, dass sich die relative Temperaturverteilung ΔT_L (hauptsächlich) nur in radialer Richtung ändert, können die partiellen Ableitungen nach dem Raumwinkel α und der Raumrichtung z gleich null gesetzt werden:

$$\frac{\partial^2 T}{\partial^2 \alpha} = \frac{\partial^2 T}{\partial z^2} = 0, \tag{60}$$

sodass sich eine partielle Differentialgleichung zweiter Ordnung für die Temperaturverteilung in radialer Richtung zu

$$\Delta T_L(r) = \frac{\partial^2 T}{\partial r^2} + \frac{1}{r} \cdot \frac{\partial T}{\partial r} = -\frac{q}{\lambda_L} \tag{61}$$

aufstellen lässt. Die relative Temperaturverteilung $\Delta T_L(r)$ im Innenleiter als spezielle Lösung der pDGL ergibt sich mit $q = p_V = J^2 \cdot \rho_L$ und der Bestimmung der Integrationskonstanten der homogenen Lösung zu:

$$\Delta T_L(r) = \frac{J^2 \cdot \rho_L}{4 \cdot \lambda_L} \cdot (r_1^2 - r^2) \tag{62}$$

(mit: J - Stromdichte des Innenleiters; ρ_L - spezif. elektrischer Innenleiterwiderstand; r_1 - Innenleiterradius).

2.7.3 Relative Temperaturverteilung im Isolierstoff

Unter der Annahme, dass die dielektrischen Verluste im Isolierstoff vernachlässigt werden können und deshalb keine Wärmequellen vorhanden sind, ist die Fouriersche Wärmeleitungsgleichung

$$P_L = -\lambda_i \cdot A_M \cdot grad\, T_i \tag{63}$$

(mit: λ_i - Wärmeleitfähigkeit des Isolierstoffs; A_M - Zylindermantelfläche)

für die Berechnung der relativen Temperaturverteilung $\Delta T_i(r)$ im Isolierstoff anwendbar. Weiterhin wird angenommen, dass die Verlustleistung P_L (vom Innenleiter) homogen über den Leiterquerschnitt erzeugt wird und durch den Isolierstoff in radialer Richtung zur Umgebung, deren Temperatur $\vartheta_{umg} < \vartheta_L$ ist, abgegeben wird.

Mit

$$P_L = p_V \cdot V = J^2 \cdot \rho_L \cdot \pi \cdot r_1^2 \cdot \ell \tag{64}$$

erhält man die Differentialgleichung erster Ordnung zu

$$\frac{\partial T_i}{\partial r} = -\frac{J^2 \cdot \rho_L \cdot r_1^2}{2 \cdot \lambda_i} \cdot \frac{1}{r}. \tag{65}$$

Mit Hilfe der Randbedingungen zur Bestimmung der Integrationskonstanten der homogenen Lösung ergibt sich die relative Temperaturverteilung $\Delta T_i(r)$ im Isolierstoff als spezielle Lösung zu

$$\Delta T_i(r) = \frac{J^2 \cdot \rho_L \cdot r_1^2}{2 \cdot \lambda_i} \cdot ln\left(\frac{r_2}{r}\right) \tag{66}$$

(mit: r_2 - Außenleiterradius).

2.7.4 Relative Temperaturverteilung im Umgebungsmedium

Am Kabelmantel wird die Verlustleistung P_L des Innenleiters durch Konvektion an das Umgebungsmedium abgegeben. Die exakte analytische Berechnung des konvektiven Wärmeübergangs wird durch ein Differentialgleichungssystem von thermischen und strömungstechnischen Vorgängen ermöglicht, wobei alle Einflussfaktoren dieser Vorgänge nicht genau bzw. nur mit entsprechendem Aufwand zu bestimmen sind. Mit Hilfe der Ähnlichkeitstheorie lassen sich jedoch die Einflussfaktoren [59]:

- Temperatur und Abmessung der wärmeabgebenden Oberfläche A_O
- physikalische Eigenschaften des Kühlmediums (z.B. thermische Leitfähigkeit des Umgebungsmediums λ_{umg}, Dichte δ, spezifische Wärmekapazität c etc.)

- Art der Strömung des Kühlmediums (laminare oder turbulente Bewegung)

durch die *Ähnlichkeitszahlen Nußelt-, Grashof-, Reynolds-* und *Prandtl-Zahl* berücksichtigen. Beispielsweise lässt sich mit Hilfe der Nußelt-Zahl *Nu* der Wärmeübergangskoeffizient α_K für die Konvektion gemäß der Formel

$$\alpha_K = \mathit{Nu} \cdot \lambda_{umg} \cdot \ell_w \tag{67}$$

(mit: ℓ_w - Anströmlänge / charakteristische Länge)

für die Berechnung der relativen Temperaturverteilung durch die Newtonsche Gleichung

$$P_K = \alpha_K \cdot A_O \cdot T_{umg}(r) \tag{68}$$

bestimmen. Mit Hilfe von

$$P_K = P_L = p_V \cdot V = J^2 \cdot \rho_L \cdot \pi \cdot r_1^2 \cdot \ell \tag{69}$$

ergibt sich für die hyperbelartige relative Temperaturänderung $\Delta T_{umg}(r)$ im Umgebungsmedium (beginnend vom Kabelmantel) der nachfolgende Zusammenhang:

$$\Delta T_{umg}(r) = \frac{J^2 \cdot \rho_L \cdot r_1^2}{2 \cdot \alpha_K \cdot r}. \tag{70}$$

2.7.5 Absolute Temperaturverteilung vom Innenleiter zur Umgebung

Durch Berücksichtigung der Umgebungstemperatur ϑ_{umg} sowie der jeweiligen Übertemperatur in der Umgebung ($\vartheta_{\text{ü},umg}(r = r_2)$) und im Isolierstoff ($\vartheta_{\text{ü},i}(r = r_1)$) erhält man mit Hilfe der berechneten relativen Temperaturverteilungen $\Delta T_L(r), \Delta T_i(r)$ und $\Delta T_{umg}(r)$ die absolute Temperaturverteilung $\vartheta(r)$ (in $^\circ C$). Dafür wurden in Analogie zu den numerischen Berechnungen in **Kapitel 4** dieselben Material- und Geometriegrößen verwendet (siehe **Tabelle 6**).

Die jeweiligen absoluten Temperaturverteilungen $\vartheta(r)$ in der Umgebung ($\vartheta_{umg}(r)$), im Isolierstoff ($\vartheta_i(r)$) und im Innenleiter ($\vartheta_L(r)$) werden gemäß der Gleichungen

Tabelle 6: Parameter für analytische Berechnung der absoluten Temperaturverteilung eines Einleiter-Gleichspannungskabels für $320\,kV$

Parameter	**Wert**
Innenleiterradius r_1	$1,3\,cm$
Außenleiterradius r_2	$3,5\,cm$
Wärmeleitfähigkeit Kupfer λ_L	$400\,W/(m \cdot K)$
Wärmeleitfähigkeit VPE λ_i	$0,38\,W/(m \cdot K)$
Spezif. elektrischer Widerstand Kupfer ρ_L	$1,7 \cdot 10^{-8}\,\Omega m$
Innenleiterstrom I	$1500\,A$
Innenleiterstromdichte J	$2,83\,A/mm^2$
Umgebungstemperatur ϑ_{umg}	$20^\circ\,C$
Wärmeübergangskoeffizient α_k bei $20^\circ\,C$	$\approx 0,1\,W/mK$

$$\vartheta_{umg}(r) = \Delta T_{umg}(r) + \vartheta_{umg} \tag{71}$$

$$\vartheta_i(r) = \vartheta_{\text{ü},umg}(r = 3,5\,cm) + \vartheta_{umg} + \Delta T_i(r) = 21,4^\circ\,C + 20^\circ\,C + \Delta T_i(r) \tag{72}$$

$$\vartheta_L(r) = \vartheta_{\text{ü},umg}(r = 3,5\,cm) + \vartheta_{\text{ü},i}(r = 1,3\,cm) + \vartheta_{umg} + \Delta T_L(r) \tag{73}$$

$$= 21,4^\circ\,C + 29,63^\circ\,C + 20^\circ\,C + \Delta T_L(r). \tag{74}$$

berechnet und in **Bild 18** dargestellt. Konkret zeigen der Verlauf von $\vartheta_i(r)$ sowie die absoluten Werte am Innen- und Außenleiterradius eine sehr gute Übereinstimmung mit der numerischen Berechnung im **Kapitel 4.3**.

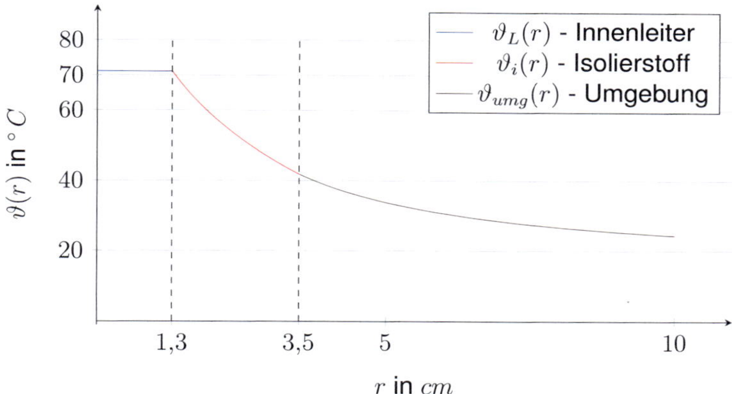

Bild 18: Absolute Temperaturverteilung $\vartheta(r)$ über Innenleiter, Isolierstoff und Umgebung eines Hochspannungskabels bei einer Umgebungstemperatur $\vartheta_{umg} = 20^\circ C$

3 Messung, Berechnung und Modellierung der Raumladungsdichteverteilung

3.1 Stand der Technik zur Messung und Akkumulation von Raumladungen

Messverfahren

Für feste Isolierstoffe werden nach heutigem Stand der Technik fünf Methoden zur messtechnischen Erfassung von Raumladungsdichteverteilungen unterschieden. Diese Verfahren basieren auf dem Prinzip, dass eine sich ausgebildete Raumladung durch die äußere Zufuhr von Energie kurzzeitig angeregt bzw. im Gleichgewicht gestört wird, die dabei resultierenden Strom- oder Druckimpulse erfasst und diese detektierten Signale je nach Verfahren in eine Raumladungsdichteverteilung umgerechnet werden ([64] (S. 20-21)). Durch die Art der zugeführten Energie werden grundsätzlich die Methoden in **Tabelle 7** unterschieden.

Tabelle 7: Messmethoden zur Erfassung von Raumladungsdichteverteilungen ([64] (S. 21), [75])

Methode	**Anregung**	**Messsignal**
TSM (Thermal Step Method)	Thermischer Sprung	Elektrischer Strom
PEA (Pulsed Electro-Acoustic Method)	Elektrischer Impuls	Drucksignal
PIPWP (Piezoelectric induced pressure wave propagation)	Druckimpuls	Elektrisches Signal
LIPP (Laser Induced Pressure Propagation), **PWP** (Pressure Wave Propagation)	Druckimpuls	Elektrisches Signal

Ein häufig verwendetes Messverfahren ist die PEA-Methode ([138]-[143]). Durch einen elektrischen Impuls (z.B. Rechteckspannung mit Amplitude u_i und Impulslänge t) wirkt auf die akkumulierte Raumladung im polymeren Prüfkörper eine Kraft, welche eine Verschiebung der Ladungsträger verursacht. Durch diese Bewegung / Verschiebung der Ladungsträger entsteht eine akustische Welle, die sich durch den

Isolierstoff ausbreitet und auf das piezoelektrische Element (Sensor) unter der Erdelektrode auftrifft. Dadurch entsteht im Piezo-Element ein Spannungssignal $u(t)$ (piezoelektrischer Effekt), das am Oszilloskop zeitlich aufgelöst angezeigt werden kann. Das PEA-Verfahren erweist sich im Vergleich zu den anderen Messverfahren als vorteilhaft, da durch die Erdelektrode der Hochspannungs- und Messkreis separiert werden. Damit kann ein Schutz des Verstärkers und des Oszilloskops realisiert werden. Jedoch müssen Durch- oder Überschläge am Prüfling ausgeschlossen werden. **Bild 19** zeigt das zugehörige Blockschaltbild. [56] (S. 148-155), [64] (S. 22)

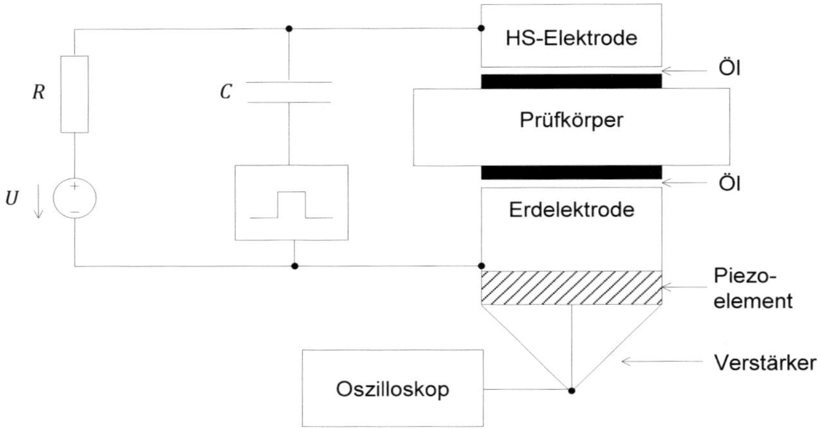

Bild 19: Block-Diagramm für PEA-Verfahren zur Raumladungsmessung (nach [102]) [2] (S. 150)

Erkenntnisse zur Raumladungsakkumulation

Es existieren bereits einige messtechnische Untersuchungen zur Akkumulation von Raumladungen in polymeren Isolierstoffen (Plattenprüflinge) (z.B. [140], [143]) oder an Grenzflächen in Isolierstoffsystemen unter verschiedenen elektrischen Feldstärkebeanspruchungen ([138], [139], [142]). Backhaus [151] fasst zusammen, dass Anode und Katode Löcher und Elektronen injizieren, die als Homoladungen (homo charges) im polymeren Isolierstoff in der Nähe der Elektroden verbleiben (siehe **Bild 20**). Zudem führt die geringe Beweglichkeit der Ionen im Kristallgitter zu hohen Ladungsträgerdichten vor den Elektroden. Infolgedessen wird die effektive elektrische Feldstärke an der Grenzfläche Metall-Dielektrikum gesenkt [151]. Dagegen zeigt Küchler [57], dass sich bei niedrigen elektrischen Feldstärken Ladungen mit entgegengesetzter Polarität (hetero charges) vor den Elektroden ausbilden, da die Ladungsträgerdrift gegenüber der Injektion dominiert. Erst bei höheren elektrischen Feldstärken bauen sich homo charges vor den Elektroden aus.

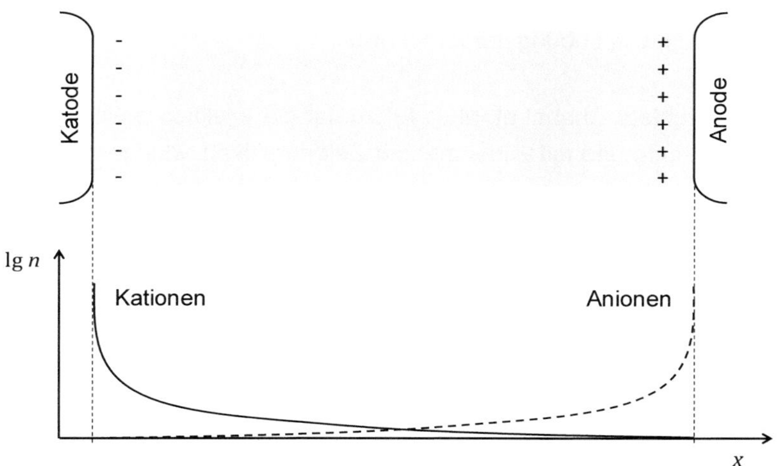

Bild 20: Schematische Darstellung der homopolaren Ladungsträger und deren Dichte im polymeren Isolierstoff nach Backhaus [151]

Die Messungen von Mazzanti et. al. [56] (S. 148-156) bestätigen das Ausbilden von homo charges für Feldstärken von $E \approx 66\,kV/mm$. Die Ergebnisse zeigen an einer $300\,\mu m$ dünnen LDPE-Platte induzierte Ladungen an Anode und Katode durch die angelegte Gleichspannung von $20\,kV$. Es wird beobachtet, dass einige Sekunden nach Anlegen der Spannung eine positive Ladung von der Anode injiziert wird und diese in Richtung Katoden driftet. Nach wenigen Minuten erreicht diese Ladung die Katode, dann verteilt sich eine große Menge positiver Ladung im gesamten Isolierstoff. Nach etwa 30 Sekunden wird auch eine geringe Injektion negativer Ladung von der Katode beobachtet. [56] Mazzanti et. al. [56] (S. 157-159) erhält ähnliche Erkenntnisse durch Messungen an polymeren Kabeln mit einer Isolierstoffdicke von $3\,mm$. Nach derzeitigem Stand der Technik bildet diese Dicke das Maximum aufgrund der schwachen ausgesendeten Signale im Isolierstoff.

Suzuki et. al. [140] beobachtete das Verhalten der Raumladungsakkumulation in unbehandeltem XLPE sowie in entgastem XLPE unter 20 und $80°\,C$. Bei einer elektrischen Feldstärke von $100\,kV/mm$ werden zuerst negative Ladungen aus der

Katode injiziert, die scheinbar eine Injektion positiver Ladungsträger verursachen. Nach diesen Injektionen verschwinden die Ladungsträger und tauchen etwas später erneut im gesamten Volumen auf. Dieses Verhalten wurde mehrmals beobachtet. Zudem wurde festgestellt, dass in bei Raumtemperatur entgasten Proben das erneute Erscheinen der Ladungsträger nur bei sehr hohen elektrischen Feldstärken erfolgt sowie die Injektion positiver Ladungsträger zeitiger stattfindet als die Injektion von negativen Ladungsträgern. [140]

Dagegen beobachtete Chahal et. al. [143] zuerst die Injektion positiver Ladungsträger vor der Anode und mit zunehmender Zeit negative Ladungen im gesamten Isolierstoffvolumen für $E = 100 - 150\, kV/mm$. Die auftretenden Ladungen bewirken eine Erhöhung der elektrischen Feldstärke vor Anode und Katode [143].

Wu et. al. [139] kommt für elektrisch homogen beanspruchte Isolierstoffe zu der Erkenntnis, dass die Anzahl der aus den Elektroden injizierten positiven und negativen Ladungsträger gleich groß ist. Weitere Messungen von Wu et. al. [139] zeigen an Multilayern $(30\, kV/mm)$ aus Polyester-Film (Dicke: $300\, \mu m$) und Öl $(150\, \mu m)$ sowie laminierten PE-Prüflingen deutliche Ladungsansammlungen an den Grenzflächen innerhalb des Isoliersystems. Es wird darauf geschlossen, dass physikalische bzw. materielle Grenzflächen von PE-Materialien die Ladungsträger zurückhalten, die aus den Elektroden injiziert oder im Isolierstoff generiert wurden. Zudem zeigen Untersuchungen in [146], dass PE-PE-Grenzflächen bevorzugte Fallen (tiefe Haftstellen) für negative Ladungsträger sind. Dagegen zeigen die Ergebnisse in [148] und [149], dass sich an solchen Grenzflächen besonders positive Ladungsträger ansammeln. Zudem macht Wu in [139] darauf aufmerksam, dass die Grenzflächenladungsdichte σ nicht exakt mit der Maxwell-Wagner-Sillar-Gleichung

$$\sigma = \frac{\varepsilon_B \kappa_A - \varepsilon_A \kappa_B}{d_A \kappa_B + d_B \kappa_A} U \qquad (75)$$

(mit: d - Dicke der Stoffe A oder B, ε - Permittivität der Stoffe A oder B, κ - elektrische Leitfähigkeit der Stoffe A oder B)

berechnet werden kann. An Grenzflächen innerhalb von Isolierstoffsystemen zeigen Messungen von Zhao et. al. [138] (Multilayer-Dielektrika aus LDPE und TiO_2-LDPE), Chen et. al. [146] und Li et. al. [147] einen deutlichen Einfluss der elektrischen Leitfähigkeitsdifferenz beider Stoffe. Es zeigt sich, dass sich die Ladungsträger an der Grenzfläche ansammeln, die sich vom Gebiet (Isolierstoff) der höheren elektrischen Leitfähigkeit zum Gebiet mit der niedrigeren bewegt. Dagegen wird keine Ansammlung der Ladungsträger festgestellt, die sich in entgegengesetzter Richtung bewegen. Zudem ist kein Einfluss von Verunreinigungen oder Füllstoffen (TiO_2) auf die akkumulierte Ladungsdichte festzustellen.

Die Messungen von Mazzanti et. al. [56], Suzuki et. al. [140] und Chahal et. al. [143] zeigen das Ausbilden von homo charges an Anode und Katode im polymeren Isolierstoff unter Gleichspannungsbeanspruchung ($E > 30\,kV/mm$). Zudem wird das zeitliche Verhalten der Raumladungsausbildung im polymeren Isolierstoff dargestellt. Jedoch wurden die Messungen überwiegend an dünnen Folien mit $d \approx$ einige $100\,\mu m$ durchgeführt. Ob eine Skalierung auf Isolierstoffe / Isoliersysteme mit Dicken von mehr als $3\,mm$ möglich ist, konnte bisher nicht gezeigt werden.

3.2 Messung der Raumladungsdichteverteilung an LDPE

Die Messung der Raumladungsdichteverteilung an einem plattenförmigen Prüfling aus LDPE mit einer Dicke von $d \approx 1\,mm$ (homogene Feldanordnung) erfolgte gemäß **Bild 19** in Zusammenarbeit mit dem Institut für Energie- und Hochspannungstechnik an der Hochschule Würzburg-Schweinfurt (FHWS). Der Fokus der durchgeführten Raumladungsmessungen an LDPE und einem Compound aus LDPE und 15 Vol.-$\%$ h-BN liegt auf der Bewertung der Raumladungsakkumulation sowie auf dem möglichen Einfluss des Füllstoffs h-BN (siehe **Kapitel 5.7.4**). Dabei dient die Messung an LDPE in diesem Kapitel als Referenz sowie als Grundlage für die Parametrierung der Ansatzfunktion in **Kapitel 3.4**.

Aufgrund der relativ großen Dicke d » einige $100\,\mu m$ (im Vergleich zu den Messungen in der Literatur) und der geometriebedingten Überschlagsfestigkeit der Messanordnung wurde eine Prüfspannung von $U_{Prüf,DC} = \pm 15\,kV$ angelegt. Eine höhere Messspannung würde zum Überschlag und zur Beschädigung des Messsystems führen. Eine dünnere Probe mit $d < 1\,mm$ ist im Hinblick auf die schlechte mechanische Verarbeitbarkeit der Compounds nicht sinnvoll. Damit bilden die gewählte Dicke und Prüfspannung ein Maximum hinsichtlich der Prüfbeanspruchung.

Bild 21 zeigt exemplarisch die zeitlich aufgelösten Spannungssignale $u(t)$, die über einen Zeitraum von $t = 24\,h$ für $U_{Prüf,DC} = +15\,kV$ und $\vartheta = 20\,°C$ messtechnisch erfasst wurden. Für die Amplitude der Impulsspannung (Rechtecksignal), welche eine Auslenkung der Raumladungen im Isolierstoff bewirkt, wurde $\hat{u}_i = 500\,V$ mit einer Impulslänge von $t \approx 12\,ns$ ausgewählt. Die gewählte Impulslänge wurde an die Dicke des Prüflings angepasst.

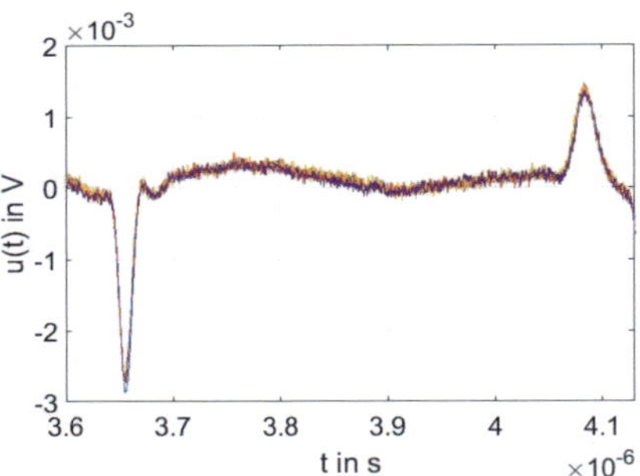

Bild 21: Messsignale $u(t)$ von LDPE ($d \approx 1\,mm$) in homogener Isolierstoffanordnung nach PEA-Verfahren bei $U_{Prüf,DC} = +15\,kV$ und $\vartheta = 20\,°C$

Um aus den zeitabhängigen Spannungssignalen $u(t)$ örtlich aufgelöste Raumladungsdichteverteilungen $\varrho(x)$ zu erhalten, wurde eine Umrechnung mittels Kalibrierfaktor

$$K_\varrho = \frac{c^*_{VPE} \cdot \Delta t \cdot \hat{u} \cdot d}{\varepsilon_0 \cdot \varepsilon_r \cdot U_{Prüf,DC}} = \frac{u(t)}{\varrho} \tag{76}$$

auf Grundlage des Messsignals $u(t = 0)$ vorgenommen, da sich im Einschaltmoment $t = 0$ noch keine Raumladungen ausgebildet haben [56] (S. 153). Die exakte Umrechnung der zeitlich aufgelösten Verteilung in eine örtliche wurde mittels Schallgeschwindigkeit c^* des beteiligten Isolierstoffs vorgenommen. Wie Messungen in **Kapitel 3.3** zeigen, beträgt $c^*_{VPE} \approx 1900\,m/s$. Als Amplitude des Messsignals wird $\hat{u}(t = 0) = 2,5 \cdot 10^{-3} V$ (ungedämpfter Impuls vor der Erdelektrode) eingesetzt. Die Zeitdifferenz zwischen beiden Impulsen beträgt $\Delta t \approx 0.4 \cdot 10^{-6} s$. Mit Hilfe dieser Parameter beträgt der Kalibrierfaktor $K_\varrho = 0,0142$. **Bild 22** zeigt die umgerechneten ortsaufgelösten Raumladungsdichteverteilungen $\varrho(x)$ in LDPE.

Unter der Annahme, dass die beiden Impulsextrema auf den Elektrodenoberflächen liegen, kann anstelle der Umrechnung mittels Schallgeschwindigkeit auch vereinfacht der zeitliche Verlauf durch die Dicke des Prüflings ersetzt werden.

Die Verteilungen $\varrho(x, t = 0)$ in **Bild 22** zeigen für den Einschaltmoment zwei Impulse, welche auf die gleich großen Flächenladungen in beiden Elektroden zurückzuführen sind. Die abgeschwächten Impulsamplituden und breiteren Impulsformen, die sich jeweils auf der rechten Seite befinden, sind auf Dämpfung und Disper-

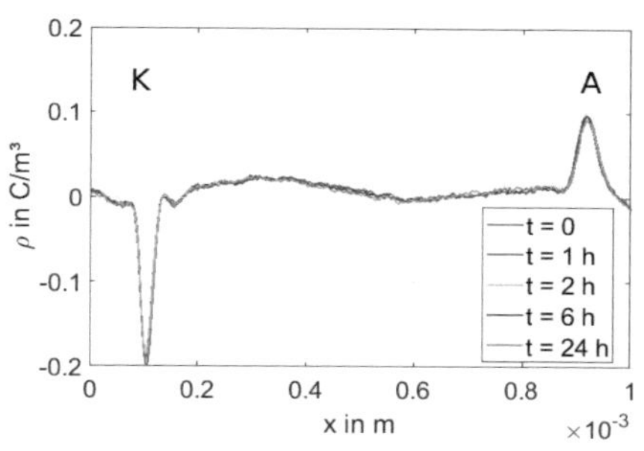

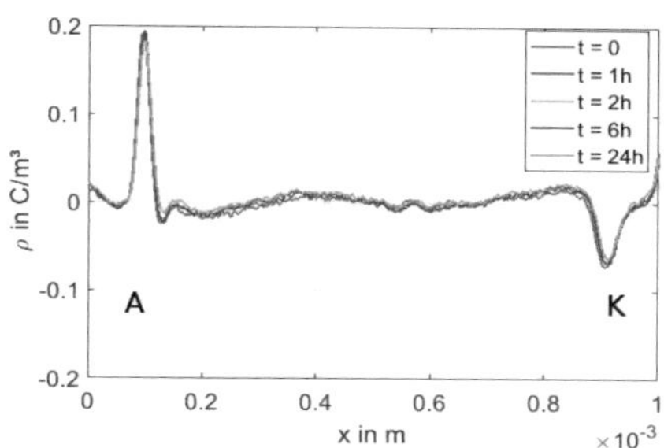

Bild 22: Gemessene Raumladungsverteilung von LDPE ($d \approx 1\,mm$) in homogener Isolierstoffanordnung nach PEA-Verfahren bei $U = \pm 15\,kV$ und $\vartheta = 20^\circ\,C$ (links: positive Spannung, rechts: negative Spannung) (A - Anode, K - Katode)

sion der akustischen Welle durch den Prüfkörper zurückzuführen [132] (S. 106). Deshalb ist jeweils der linke Impuls an der Erdelektrode als Referenz zugrunde zu legen. Durch das Anlegen einer Prüfspannung mit unterschiedlicher Polarität war die Erdelektrode entweder Anode A (für negative Prüfspannung) oder Katode K (für positive Prüfspannung).

Mit zunehmender Zeit t ist in beiden Diagrammen von **Bild 22** keine relevante Veränderung der Signale festzustellen. Damit zeigt sich, dass bei $E = 15\,kV/mm$ und Raumtemperatur $\vartheta \approx 20^\circ\,C$ keine signifikante Raumladungsakkumulation messtechnisch nachweisbar ist.

Werden die Prüfspannung und die daraus resultierende Feldstärke reduziert, sinken auch die Amplituden der beiden Impulse vor Anode und Katode. Die Breite dieser Impulse bleibt nahezu unverändert (siehe **Bild 23**).

3.3 Messung der Schallgeschwindigkeit mittels Impuls-Echo-Verfahren

Das Impuls-Echo-Verfahren ist ein typisches Ultraschallverfahren zur zerstörungsfreien Werkstoffprüfung und Bestimmung von Materialkonstanten (z.B. der Schallgeschwindigkeit und der -dämpfung). Das Grundprinzip des Verfahrens beruht auf einem Ultraschallprüfkopf, der aus einem Schwinger aus einer piezoelektrischen Keramik (z.B. Bariumtitanat oder Bleizirkonat-Titanat) besteht und grundsätzlich als Normal- oder Winkelprüfkopf ausgeführt sein kann. Für die Bestimmung der

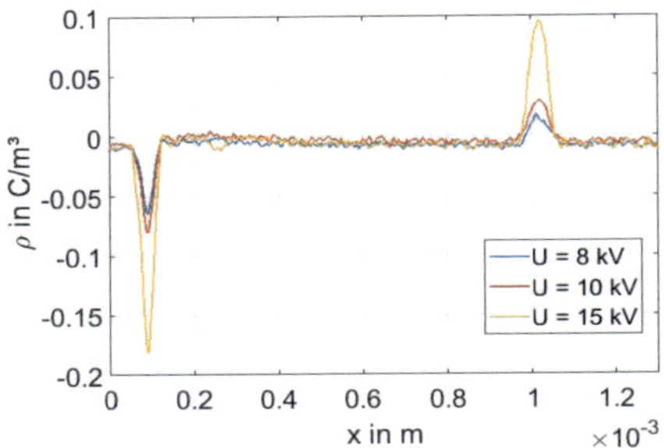

Bild 23: Messkurven zum Einfluss der Prüfspannung auf die Raumladungsdichteverteilung in LDPE

Schallgeschwindigkeit der plattenförmigen LDPE-Prüflinge wurde ein Normalprüfkopf mit senkrechter Ultraschalleinstrahlung verwendet. [103], [104], [105]

Die Erzeugung des Ultraschalls im Prüfkopf beruht auf dem reziproken piezoelektrischen Effekt. Durch das Anlegen einer Wechselspannung an die piezoelektrische Keramik werden mechanische Schwingungen (Impulse mit typischen Frequenzen $f \approx 1\,MHz$ - $30\,MHz$) hervorgerufen, die als Longitudinalwellen auf das Werkstück (Prüfling) abgestrahlt werden. Diese Impulse durchlaufen das Material und werden entweder an einer Fehlstelle oder an der Rückseite des Prüflings reflektiert. Nach einer bestimmten Laufzeit t trifft der Impuls auf die piezoelektrische Keramik im Prüfkopf, die durch die mechanische Schwingung angeregt wird. Durch die so hervorgerufene Ladungsverschiebung im Kristallinneren baut sich eine elektrische Spannung an der Kristalloberfläche auf (piezoelektrischer Effekt). Nach etwa $10\,ms$ (Impulsfolgefrequenz $\approx 100\,Hz$) startet der nächste Impuls. Das dargelegte Prinzip zeigt, dass für dieses Verfahren ein Prüfkopf zur Erzeugung und zum Empfangen des im Werkstück durchlaufenen Ultraschalls gleichzeitig verwendet werden kann. [103], [104], [105]

Bei bekannter Dicke d und Laufzeit t (gesamte Zeit für den Durchgang eines Ultraschallimpulses durch Medium mit Rückreflexion) lässt sich die Schallgeschwindigkeit

$$c^* = \frac{2 \cdot d}{t} \tag{77}$$

bestimmen [103], [104], [105]. **Bild 24** zeigt die Messergebnisse für LDPE und die Compounds aus LDPE + h-BN für eine Ultraschall-Frequenz von $15\,MHz$.

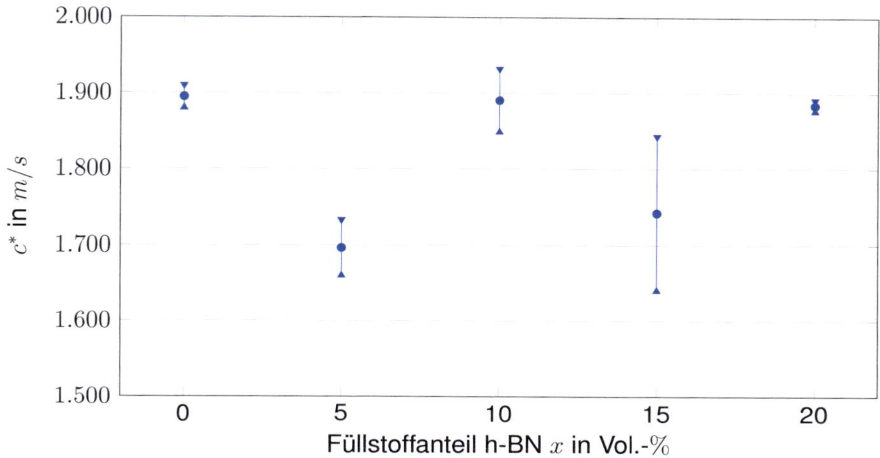

Bild 24: Schallgeschwindigkeit c^* für LDPE + x Vol.-% h-BN

Die Ergebnisse zeigen zwar Streuungen, aber keine eindeutige Korrelation zwischen der Schallgeschwindigkeit c und dem Füllstoffanteil von h-BN. Daher wurde ein Mittelwert aus allen Messergebnissen zu $\overline{c}^* = 1821\,m/s$ gebildet. Betrachtungen zur Tiefenauflösung des Verfahrens, die durch den Zusammenhang

$$\Delta z = \frac{\lambda}{2} = \frac{c^*}{2 \cdot f} \approx \frac{1880\,m/s}{2 \cdot 15MHz} \approx 62\,\mu m > D_{50,h-BN} \approx 12\mu m \tag{78}$$

gegeben ist, zeigen, dass der mittlerer Partikeldurchmesser $D_{50,h-BN} \approx 12\,\mu m$ von h-BN aufgrund der zu geringen Größe nicht zu Reflexionen oder Streuungen des Ultraschalls führen. Daraus folgt, dass die Laufzeit t des Ultraschalls durch das Basispolymer LDPE beeinflusst wird.

3.4 Empirische Ansatzfunktion zur Modellierung der Raumladungsdichte

3.4.1 Eigenschaften der Ansatzfunktion

Das Ziel der nachfolgenden Betrachtungen besteht in der analytischen Modellierung einer Raumladungsdichteverteilung im Inneren eines Isolierstoffs, beispielsweise für die numerischen Berechnungen in **Kapitel 4**, unter Berücksichtigung der Messungen in **Kapitel 3.2**. Als Grundlage wurde die nachfolgende Ansatzfunktion als empirisches Modell (bereits in [74] veröffentlicht) verwendet:

$$\varrho(r) = \pm\varrho_0 \cdot \left[cos^n\left(\alpha\frac{r/r_1 - 1}{r_2/r_1 - 1}\right)\right] + \varrho_1. \tag{79}$$

In diesem Modell sind die Geometrie des Kabels und die Ortsabhängigkeit durch die beiden Parameter $x = r/r_1$ und $p_1 = r_2/r_1$ enthalten. Dabei ist x eine normierte Ortsvariable und der Parameter $p_1 = r_2/r_1$ beschreibt das Radienverhältnis der Elektroden zueinander, wobei für die nachfolgenden Berechnungen ein Radienverhältnis von $p_1 \approx 2,71$ angenommen wird (in Anlehnung an die Geometrie in **Kapitel 4**).

Die Parameter ϱ_0 und ϱ_1 sind ein Maß für die Raumladungsdichte im Inneren des Isolierstoffs. Mit der Amplitude $\pm\varrho_0$ und dem jeweiligen Vorzeichen werden die Raumladungen im Isolierstoff in der Nähe der beiden Grenzflächen zur jeweiligen Elektrode nachgebildet. Durch ein positives Vorzeichen wird eine homopolare und durch ein negatives Vorzeichen eine heteropolare Raumladungsdichteverteilung in Form von Impulsen modelliert. Die Breite des jeweiligen Impulses wird durch den Exponenten n beeinflusst, der stets ungerade und ganzzahlig sein muss. Bei der Verwendung eines geraden Exponenten wird ein Verlauf mit zwei positiven Impulse hervorrufen.

Der Parameter ϱ_1 verursacht eine Ordinatenverschiebung der gewählten Funktion und ist ein Maß für akkumulierte Raumladungen im Inneren des Isolierstoffs.

Die Vorteile der gewählten Ansatzfunktion liegen hinsichtlich der numerischen Feldstärkeberechnung in **Kapitel 4** darin, dass die Raumladungsdichteverteilung mathematisch durch eine

- geschlossene,
- stetige und
- einfach implementierbare

analytische Funktion modelliert werden kann. Die Parametrisierung der Ansatzfunktion ist empirisch vorzunehmen, beispielsweise durch Fitting unter Berücksichtigung von real gemessenen Raumladungsdichteverteilungen aus **Kapitel 3.2**. Ein direkter Einfluss der anliegenden Spannung bzw. elektrischen Feldstärke sowie der elektrischen Leitfähigkeit κ oder anderer Materialeigenschaften ist in diesem Modell vorerst nicht vorhanden. Dieser Einfluss kann jedoch bei der Bestimmung des

Parameters ϱ_1 (siehe **Kapitel 4.3**) durch die Aufstellung einer analytischen Funktion implementiert werden.

Anhand des nachfolgenden Abschnitts wird die Parametrisierung des empirischen Modells nachvollzogen (Modellierung der elektrodennahen Raumladungen durch die Parametrierung der Amplitude ϱ_0, des Exponenten n und der Wahl von α).

3.4.2 Modellierung der elektrodennahen Raumladungen im Isolierstoff

Zur Modellierung der elektrodennahen Raumladungen mit ein und derselben Amplitude wird der Parameter $\varrho_1 = 0$ gesetzt, sodass die Raumladungsdichteverteilung im Inneren des Isolierstoffs null ist. In **Bild 25** werden beispielhaft für $\alpha = \pi$ mögliche homopolare und heteropolare Raumladungsdichteverteilungen in Abhängigkeit der Potenz n mit einer festen Amplitude vor An- und Katode von $\varrho_0 = 0,1\,C/m^3$ dargestellt. Die Zuordnung dieser Amplitude ϱ_0 beruht auf der Größenordnung der Messergebnisse in **Kapitel 3.2**.

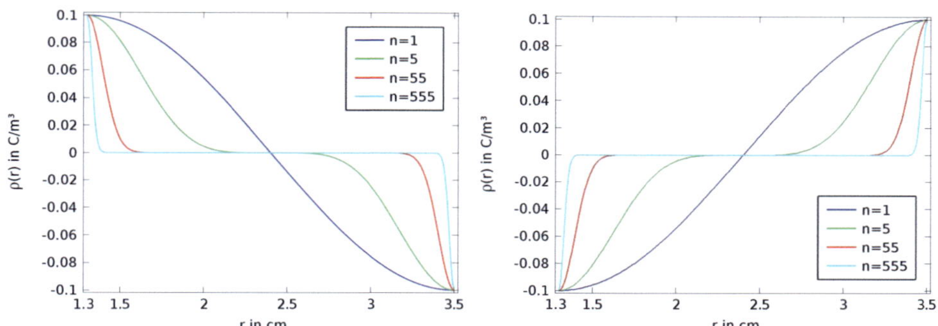

Bild 25: Modell 1 mit $\varrho_0 = 0,1\,C/m^3, \alpha = \pi$ für homopolare (links) und heteropolare Raumladungen (rechts)

Da gemessene Raumladungsdichteverteilungen typischerweise schmale Impulsbreiten aufweisen, lassen sich solche Kurven am besten mit großen ungeraden Potenzen $n \gtrsim 55$ nachbilden. Für die Parametrisierung der Ansatzfunktion wird der Exponent deshalb zu $n = 55$ gesetzt. Die zugehörigen Verläufe der resultierenden elektrischen Feldstärke werden in **Bild 26** dargestellt. Für homopolare Raumladungen zeigt sich erwartungsgemäß eine Feldstärkeabsenkung vor den Elektroden, während heteropolare Raumladungen eine Erhöhung der elektrischen Feldstärke bewirken. Mit zunehmender Potenz $n \to \infty$ sinkt der Einfluss der Raumladungen, sodass sich der Verlauf der elektrischen Feldstärke der Laplace-Verteilung annähert. Dieser Verteilung ist aus Gründen der Übersichtlichkeit jedoch nicht eingezeichnet.

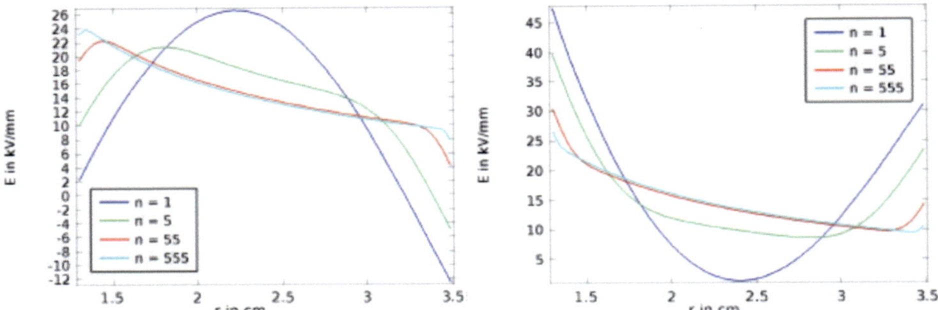

Bild 26: Elektrische Feldstärkeverteilungen für Modell 1 mit $\varrho_0 = 0,1\,C/m^3, \alpha = \pi$ für homopolare (links) und heteropolare Raumladungen (rechts)

Für die numerischen Berechnungen in **Kapitel 4** wird die Ansatzfunktion auf Grundlage dieser Betrachtungen zu

$$\varrho(r) = 0,1\,C/m^3 \cdot \left[cos^{55}\left(\pi \cdot \frac{(r/r_1)-1}{(r_2/r_1)-1}\right)\right] \qquad (80)$$

parametriert. Abschließend zeigt **Bild 27** eine Gegenüberstellung der Messkurven und der daraus gefitteten Ansatzfunktion. Die Wahl der Amplitude $\varrho_0 = 0,1\,C/m^3$ liegt in der Größenordnung der Messkurven.

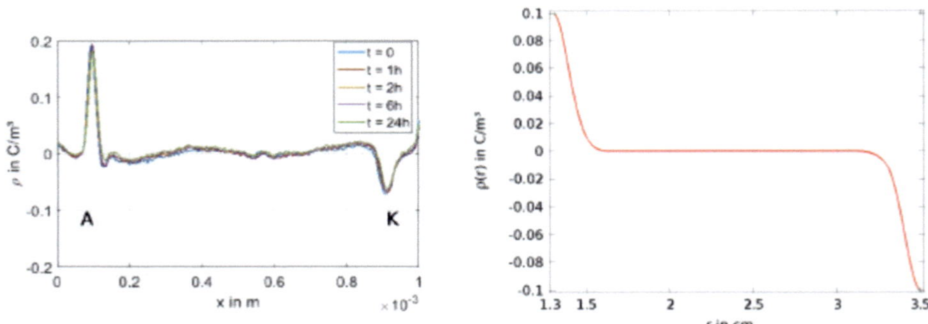

Bild 27: Fitting der Ansatzfunktion (rechts) auf Grundlage einer eigenen Messkurve bei $E = 15\,kV/mm$ und $\vartheta = 20°\,C$(links)

Da bei den Messungen in **Kapitel 3.2** bei Raumtemperatur keine signifikante Raumladungsakkumulation im Inneren des Isolierstoffs gemessen wurde, ist das Fitting des Parameters ϱ_1 (Ordinatenverschiebung) auf Grundlage der gemessenen Kurven nicht sinnvoll. Jedoch soll im Folgenden der grundsätzliche Einfluss von diesen und weiteren Parametern durch theoretische Betrachtungen auf die resultierende elektrische Feldstärkeverteilung gezeigt werden.

3.4.3 Modellierung der Raumladungsdichteverteilung im Inneren des Isolierstoffs

Um die Raumladungen im Inneren des Isolierstoffs zu modellieren, ist eine Bestimmung des Parameters ϱ_1 vorzunehmen. Dieser kann entweder durch eine spezifische analytische Funktion $\varrho_1(t)$ (siehe **Kapitel 4.3**, Index 1 steht für die Komponente der akkumulierten Raumladungen im Inneren des Isolierstoffs) oder durch einen konstanten Wert $\varrho_1(t) = konst. = \varrho_1$ angesetzt werden.

Für die nachfolgenden Betrachtungen wird vereinfachend für ϱ_1 ein konstanter Wert angenommen. Dieser Wert kann durch die Mittelwertbildung von

$$\varrho_1 = \overline{\varrho_1}(r) = \frac{1}{r_2 - r_1} \int_{r_1}^{r_2} \varrho_1(r) dr, \tag{81}$$

bestimmt werden. Im Rahmen der Betrachtungen wird für $0 < \varrho_1 < 0,04$ hypothetisch angesetzt. In den **Bildern 28** und **29** sind jeweils die Raumladungsdichte- (links) und zugehörigen elektrischen Feldstärkeverteilungen (rechts) dargestellt.

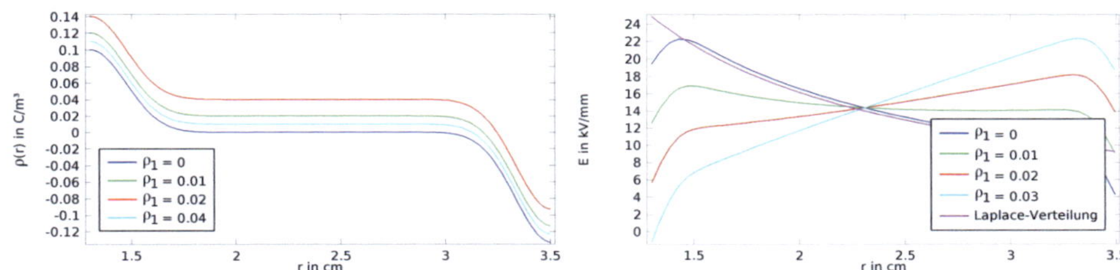

Bild 28: Modell 4 mit $+\varrho_0, n = 55, \alpha = 2\pi$ und $\varrho_1 > 0$ (links) und zugehörige elektrische Feldstärkeverteilung $E(r)$ (rechts) (homopolar)

Die Ergebnisse zeigen, dass der Effekt der Feldverdrängung (Feldmigration) auch durch einen konstanten Wert $\varrho_1 > 0,01$ nachgebildet werden kann. Für $\varrho_1 > 0,03$ erhöht sich zudem die elektrische Höchstfeldstärke.

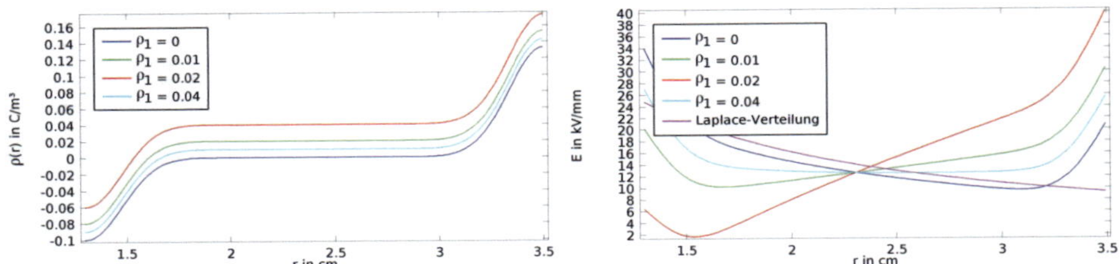

Bild 29: Modell 4 mit $-\varrho_0, n = 55, \alpha = 2\pi$ und $\varrho_1 > 0$ (links) und zugehörige elektrische Feldstärkeverteilung $E(r)$ (rechts) (heteropolar)

3.4.4 Weitere Möglichkeiten zur Modellierung

In diesem Abschnitt sollen weitere theoretische Ansätze zur Nachbildung von möglichen Raumladungsdichteverteilungen aufgezeigt werden. Dafür sind spezifische Erweiterungen der Exponentialfunktion und des Argumentes der Cosinus-Funktion notwendig. Im Folgenden werden zwei Ansätze dargelegt, die beispielsweise für die Isolierstoffsysteme in Muffen von polymeren DC-Kabelsystemen von besonderer Bedeutung sein können.

Wie Messungen in [138] oder [142] zeigen, stellen sich an Anode und Katode von geschichteten Dielektrika unterschiedliche Amplituden aufgrund der verschiedenen Materialeigenschaften ein. Dieser Effekt ist jedoch an einem einzelnen Isolierstoff nicht zu beobachten [139]. Zur Modellierung von solchen Raumladungsdichteverteilungen ist eine Erweiterung des Modells aus **Gleichung 79** mit
$exp\left[-\beta(x-1)\right]$ zu

$$\varrho(r) = \pm\varrho_0 \cdot \left\{ \boldsymbol{e}^{-\beta(x-1)} \cdot \left[cos^n \left(\alpha \cdot \frac{r/r_1 - 1}{r_2/r_1 - 1} \right) \right] \right\} + \varrho_1 \tag{82}$$

vorzunehmen. Während der Faktor $\beta < 0$ eine Vergrößerung der rechten Amplitude bewirkt, wird für $\beta > 0$ eine Dämpfung dieser Amplitude realisiert (siehe **Bilder 30** und **31**).

Zudem bilden sich an der Grenzfläche zweier Isolierstoffe innerhalb eines Systems Raumladungen aus (*Maxwell-Wagner-Sillars-Polarisation (MWS)*), die auf die Injektion von Ladungsträgern aufgrund der unterschiedlichen elektrischen Leitfähigkeiten und relativen Permittivitäten der beiden Materialien zurückzuführen sind [56] (S. 176-183). Solche Impulse werden durch eine Erweiterung der Exponentialfunktion und des Argumentes in der Kosinus-Funktion um den Parameter v zu

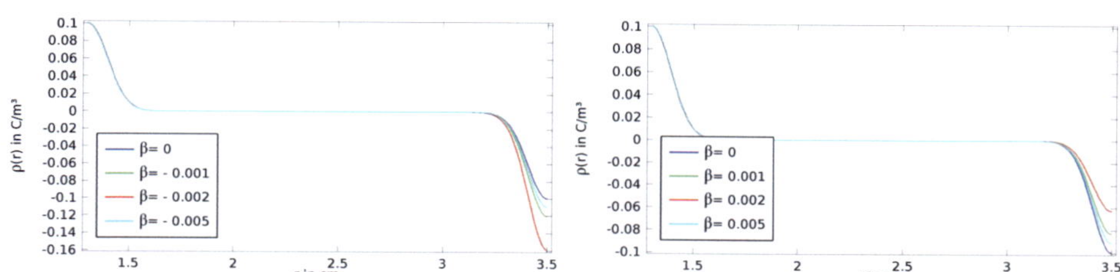

Bild 30: Modell 2 mit $n = 55, \alpha = 2\pi$ und $\beta < 0$ (links) und $\beta > 0$ (rechts) (homopolar)

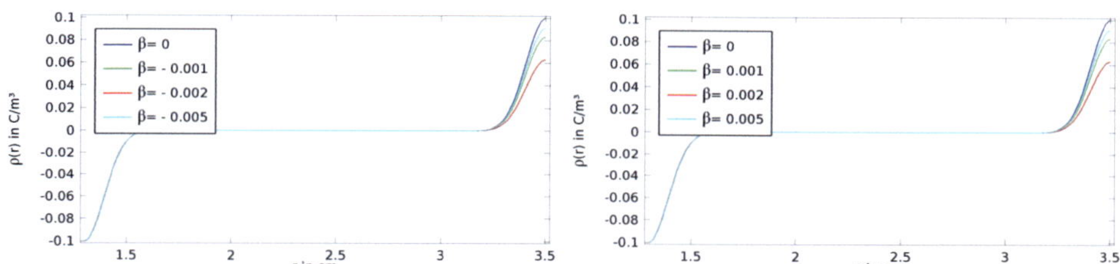

Bild 31: Modell 2 mit $n = 55, \alpha = 2\pi$ und $\beta < 0$ (links) und $\beta > 0$ (rechts) (heteropolar)

$$\varrho(r) = \pm\varrho_0 \cdot \left\{ e^{-\beta(x-1-\boldsymbol{v})} \cdot \left[cos^n \left(\alpha \cdot \frac{r/r_1 - 1 - \boldsymbol{v}}{r_2/r_1 - 1 - \boldsymbol{2 \cdot v}} \right) \right] \right\} + \varrho_1 \tag{83}$$

modelliert (siehe **Bild 32**, links für homopolare Raumladungen, rechts für heteropolare Raumladungen). Es ist jedoch zu beachten, dass für die vollständige Modellierung von Raumladungen an den Elektroden und an den Grenzflächen eine Superposition der beiden **Gleichungen 80** und **83** vorzunehmen ist.

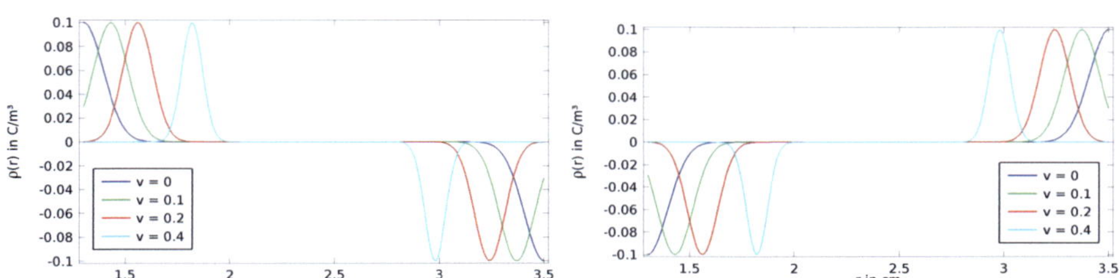

Bild 32: Modell 3 mit $n = 55, \alpha = 2\pi$ und $v > 0$ (links: homopolar, rechts: heteropolar)

4 Numerische elektrische Feldstärkeberechnung im polymeren HGÜ-Kabel

4.1 Aufbau des Modells und Materialparameter

Um die elektrische Feldstärkebeanspruchung im Isolierstoff eines polymeren HGÜ-Kabels durch die Herstellung eines geeigneten Compounds zu optimieren (siehe **Kapitel 5**), wird in diesem Kapitel eine Analyse relevanter Einflussparameter (Materialeigenschaften) auf die elektrische Feldstärkeverteilung durch eine numerische Berechnung vorgenommen. Auf Grundlage dieser Ergebnisse werden die Anforderungen an das Compound abgeleitet.

Kommerzielle Programme, die zur Lösung in Betracht gezogen wurden, sind u.a. *Maxwell Ansys* und *COMSOL Multiphysics*. Aus Gründen der einfacheren Verknüpfung zwischen den verschiedenen Simulationsdomänen (d.h. die Verknüpfung von Temperaturfeld und elektrischem Feld) wurden die Berechnungen in *COMSOL Multiphysics* durchgeführt.

Für die numerische Berechnung der elektrischen Feldstärke wurde ein eigenes Berechnungsmodell mit der Geometrie eines polymeren Gleichspannungskabels (Einleiter-Kabel mit einem Innenleiterradius von $r_1 = 1,3\,cm$ und einem Außenleiterradius von $r_2 = 3,5\,cm$) erstellt. Die für die numerische Berechnung notwendigen Materialparameter für den Innenleiter (aus Kupfer) und Isolierstoff (LDPE) werden in **Tabelle 8** aufgelistet.

Die temperaturabhängigen Parameter $r_1, r_2, \lambda, \varepsilon_r$ und ρ_D (bis $\vartheta = 70\,°\,C$) wurden als konstante Größen angesetzt. Weiterhin wurde zur Berücksichtigung der Konvektion der temperaturabhängige Wärmeübergangskoeffizient α in $W/m^2 \cdot K$ mit Hilfe der Formeln in **Tabelle 9** berechnet (aus VDI-Wärmeatlas [73]) und als Funktion hinterlegt (Werte siehe **Tabelle 10**). Die Formeln und Ergebnisse zeigen den Einfluss der Temperatur ϑ und Geometrie auf den Wärmeübergangskoeffizienten α. Die unterschiedlichen Stoffwerte für Luft bei den unterschiedlichen Temperaturen für die Grashof-, Prandtl-, Raleigh- und Nusselt-Zahl wurden aus [73] entnommen.

Tabelle 8: Materialparameter für FEM-Modell Einleiter-Gleichspannungskabel

Parameter	**Kupfer**	**LDPE**
Dichte ρ_D	$8700\,kg/cm^3$	$930\,kg/cm^3$
Relative Permittivität ε_r	1	$2,3$
Wärmekapazität c_p	$385\,\frac{J}{kg \cdot K}$	$1900\,\frac{J}{kg \cdot K}$
Anfangswert für spezifische elektrische Leitfähigkeit κ_0	$5,814 \cdot 10^7\,\frac{S}{m}$	$10^{-17}\,\frac{S}{m}$
Spezifische Wärmeleitfähigkeit λ (bis $\vartheta = 90°\,C$)	$395\,\frac{W}{mK}$	$0,38\,\frac{W}{mK}$
Temperaturkoeffizient α	$3,9 \cdot 10^{-3}\,K^{-1}$	$0,065\,°\,C^{-1}$
Feldstärkekoeffizient β		$0,075\,mm/kV$

Tabelle 9: Formeln zur Berechnung des Wärmeübergangskoeffizienten ([73])

Beharrungstemperatur	$T_\infty = \vartheta_\infty + 273$
Wärmeausdehnungskoeffizient	$\beta^* = \frac{1}{T_\infty}$
Anströmlänge	$\ell = \frac{\pi}{2} \cdot d = \pi \cdot r$
Graßhof-Zahl	$Gr = \frac{g \cdot \ell^3 \cdot \beta^* \cdot (\vartheta_0 - \vartheta_\infty)}{\nu^2}$
Raleigh-Zahl	$Ra = Gr \cdot Pr$
Einfluss der Prandtl-Zahl	$f_3(Pr) = \left[1 + \left(\frac{0,559}{Pr}\right)^{\frac{9}{16}}\right]^{-\frac{16}{9}}$
Nusselt-Zahl	$Nu = \left(0,752 + 0,387 \cdot [Ra \cdot f_3(Pr)]^{\frac{1}{6}}\right)^2$
Wärmeübergangskoeffizient	$\alpha = \frac{Nu \cdot \lambda}{\ell}$

(mit: ν - kinematische Viskosität (in m^2/s); g - Fallbeschleunigung in (m/s^2))

4.2 Randbedingungen

Für die gekoppelte Simulation des thermisch-elektrischen Feldes im Isolierstoff eines Gleichspannungskabels wurden die nachfolgenden Dirichletschen Randbedingungen für das thermische und elektrische Feld angesetzt:

- Temperatur am Innenleiter: ϑ_1 (Bestimmung durch 3D-Berechnung in Abhängigkeit des fließenden Innenleiterstroms)
- Umgebungstemperatur: $\vartheta_0 = 20\,°\,C$ (bzw. $T_0 = 293\,K$) (mit Luft als Umgebungsmedium)
- Potential am Innenleiter: $\varphi_1 = 320\,kV$

Tabelle 10: Wärmeübergangskoeffizient in Abhängigkeit der Temperatur

Temperatur ϑ **in** $^\circ C$	**Wärmeübergangskoeffizient** α **in** W/mK
20	$0,155242755$
30	$4,105811347$
40	$4,927862207$
50	$5,468543331$
60	$5,903705782$
70	$6,248913839$
80	$6,547899998$
90	$6,795394454$
100	$7,019880536$

- Potential am Außenleiter (Schirm): $\varphi_0 = 0$
- Amplitude der Raumladungsdichte im Isolierstoff: $\hat{\varrho} = 0,1\,C/m^3$ (auf Grundlage der Messungen in **Kapitel 3.1**).

4.3 Einfluss des Leiterstroms auf die elektrische Feldstärke

Berechnungsansatz

Um die elektrische Beanspruchung der polymeren Isolierung im Betrieb eines HGÜ-Kabels zu bewerten, wird in der nachfolgenden Analyse zunächst der Einfluss des Leiterstroms ($I = 0, 400\,A, 800\,A, 1200\,A$ und $1500\,A$ (Nennstrom)) auf die elektrische Feldstärkeverteilung im stationären Zustand (nach $t = 5 \cdot \tau$) numerisch berechnet. Dafür wird gemäß der in **Bild 33** dargestellten Vorgehensweise ein elektrostatisches Feldproblem gelöst.

Im Gegensatz zur Wechselspannungsbeanspruchung wird die elektrische Feldstärke $E(r)$ unter Gleichspannungsbeanspruchung durch die sich im Betrieb einstellende elektrische Leitfähigkeit $\kappa(\vartheta(r), E(r))$ bzw. durch die äquivalente Raumladungsdichte $\varrho(r)$ des Isolierstoffs beeinflusst. Deshalb wird als Ausgangsgröße die Temperaturverteilung $\vartheta(r)$ über dem Isolierstoff mittels Fourierscher Wärmeleitungsgleichung in einem 3D-Modell in Abhängigkeit des fließenden Leiterstroms I_0 berechnet (siehe **Kapitel 2.7**). Zur Reduzierung der Komplexität und des Rechen-

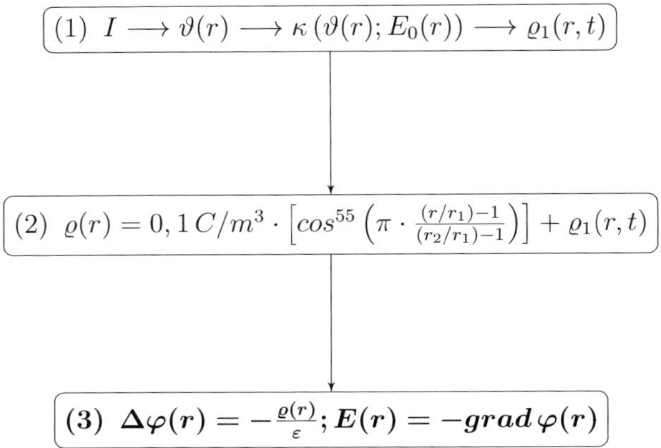

Bild 33: Vorgehensweise zur numerischen Berechnung der elektrischen Feldstärke im stationären Zustand als elektrostatisches Feldproblem

aufwands (bzw. der -zeit) wurden die weiteren Berechnungen in einem 2D-Modell realisiert, wobei die jeweilige berechnete Verteilung $\vartheta(r)$ aus dem 3D-Modell in ein 2D-Modell implementiert wurde.

Mit Hilfe der berechneten Temperaturverteilung $\vartheta(r)$ über dem Isolierstoff und der elektrischen Anfangs-Feldstärke E_0 (noch ohne Raumladungen für zylindrische Anordnungen) nach der Formel

$$E_0(r) = \frac{U}{r \cdot ln\left(\frac{r_2}{r_1}\right)} \tag{84}$$

erfolgte anschließend die Bestimmung der elektrischen Leitfähigkeit im Isolierstoff (LDPE) nach der Formel (siehe **Kapitel 2.6.3**)

$$\kappa(\vartheta, E_0(r)) = \kappa_0 \cdot e^{\alpha \cdot \vartheta(r)} \cdot e^{\beta \cdot E_0(r)}. \tag{85}$$

Diese Gleichung bildet die Grundlage zur Bestimmung einer analytischen Funktion für $\varrho_1(r,t)$, welche die akkumulierte Raumladung im Inneren des Isolierstoffs beschreibt. Die Aufstellung der spezifischen analytischen Funktion für $\varrho_1(r,t)$ erfolgt mit Hilfe der nachfolgenden drei Gleichungen:

$$\vec{J}(r) = \kappa(r) \cdot \vec{E}(r) \tag{86}$$

$$\varrho_1(r,t) = \nabla \cdot (\varepsilon_0 \cdot \varepsilon_r \cdot \vec{E}(r)) \tag{87}$$

$$\nabla \cdot \vec{J}(r) = -\frac{\partial \varrho_1(r,t)}{\partial t}. \tag{88}$$

Durch die mathematische Verknüpfung dieser drei Formeln lässt sich die gesuchte Funktion wie folgt bestimmen (nach [70] (S. 4)):

$$\varrho_1(r,t) = -\frac{\varepsilon_0 \cdot \varepsilon_r}{\kappa(r)} \frac{\partial \varrho_1(r,t)}{\partial t} + \vec{J}(r) \cdot \nabla \left(\frac{\varepsilon_0 \cdot \varepsilon_r}{\kappa(r)} \right). \tag{89}$$

Diese Gleichung verdeutlicht, dass sich im Inneren des Isolierstoffs Raumladungen ausbilden, wenn $\vec{J} \neq 0$ und das Verhältnis zwischen relativer Permittivität ε_r und elektrischer Leitfähigkeit des Isolierstoffs κ in radialer Richtung nicht gleichmäßig ist. Als mathematischer Ausdruck für die elektrische Leitfähigkeit wird die obige **Formel 85** eingesetzt.

Mit dieser Berechnung ist die vollständige analytische Modellierung der Raumladungsdichteverteilung

$$\varrho(r) = 0,1\,C/m^3 \cdot \left[cos^{55} \left(\pi \cdot \frac{(r/r_2) - 1}{(r_2/r_1) - 1} \right) \right] + \varrho_1(r,t) \tag{90}$$

möglich und berücksichtigt durch den Parameter k_3 den Einfluss der Spannung U sowie der Stromstärke I. Die Parametrierung der Funktion mit $\varrho_0 = 0,1\,C/m^3, n = 55$ und $\alpha = \pi$ erfolgte in **Kapitel 3.4.2** auf Grundlage der Messungen in **Kapitel 3.1**. Im letzten Schritt wird die resultierende elektrische Feldstärke $E(r)$ mit Hilfe der Poisson-Gleichung als elektrostatisches Feldproblem berechnet.

Zwar sind die nachfolgenden numerischen Berechnungsergebnisse für die elektrische Feldstärkeverteilung nicht durch Messungen (beispielsweise mit feldverzerrenden Sonden) verifiziert. Trotzdem kann durch dieses Modell der grundsätzliche Einfluss von Betriebs- und Materialparametern auf die elektrische Feldstärkeverteilung analysiert werden. Erste Messungen des elektrischen Potentials (bzw. elektrische Feldstärke) im Isolierstoff einer HGÜ-Komponente wurden erfolgreich an der Fachhochschule Würzburg-Schweinfurt von Andreas Reumann und Isabell Wirth ([158]) durchgeführt. Mittels Rotationsvoltmeter konnten sie das Potential an den Steuerbelägen einer gleichspannungsbeanspruchten Durchführung mit Öl-Papier-

Isolierung bei unterschiedlichen Temperaturen messen. Wirth hat in ihrer Disseration ([158]) ein numerisches FEM-Modell unter Berücksichtigung dielektrischer Materialeigenschaften vorgestellt, das eine sehr gute Übereinstimmung zwischen den Mess- und Berechnungsergebnissen liefert.

Ergebnisse

Die nachfolgenden **Bilder 34 - 37** zeigen die Berechnungsergebnisse für die Temperaturverteilung $\vartheta(r)$, die Raumladungsdichteverteilung $\varrho(r)$ sowie die elektrische Feldstärke $E(r)$ über dem Isolierstoff (in radialer Richtung zwischen Innenleiterradius $r_1 = 1,3\,cm$ und Außenleiterradius $r_2 = 3,5\,cm$) beim Anlegen einer Gleichspannung im stationären Zustand.

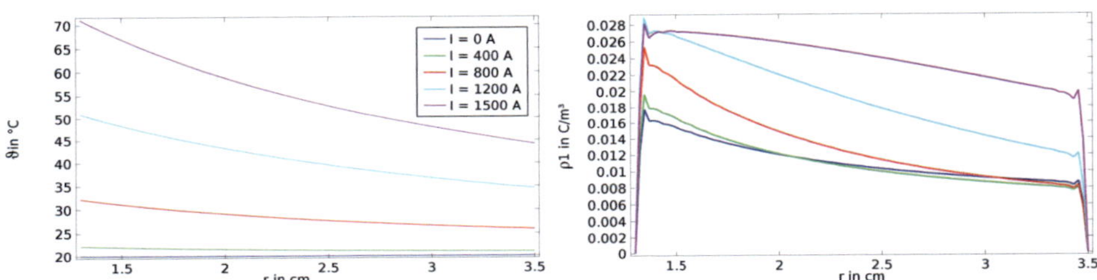

Bild 34: Temperaturverteilung $\vartheta(r)$ in Abhängigkeit des Innenleiterstroms

Bild 35: Raumladungsdichteverteilung $\varrho_1(r)$ in Abhängigkeit des Innenleiterstroms

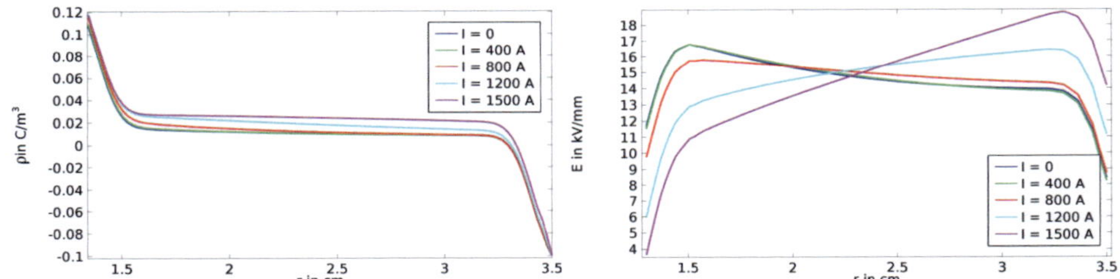

Bild 36: Raumladungsdichteverteilung $\varrho(r)$ in Abhängigkeit des Innenleiterstroms

Bild 37: Elektrische Feldstärkeverteilung $E(r)$ in Abhängigkeit des Innenleiterstroms

Die Berechnungsergebnisse zeigen, dass bei Leerlauf ($I = 0$) die höchste elektrische Feldstärke am Innenleiter auftritt (vergleichbar zur Feldstärkeverteilung unter Wechselspannungsbeanspruchung). Weiterhin ist der feldminimierende Einfluss der Raumladungen in der Nähe der beiden Grenzflächen auf die Elektroden zu erkennen. Wird der Innenleiter mit einem Leiterstrom durchflossen, entsteht durch die Stromwärmeverluste des Innenleiters im Isolierstoff ein Gradient der Temperatur- und elektrischen Leitfähigkeitsverteilung $\kappa(r)$, sodass sich das Feldstärkemaximum aufgrund der resultierenden *Feldstärkeinversion* in der Nähe des Außenleiters ausbildet. Zudem ist bei einem Leiterstrom von $1500\,A$ das Maximum aufgrund der auftretenden Raumladungen im Nennbetrieb etwa um den Faktor (Feldstärkeüberhöhungsfaktor) $FEF \approx 1,1$ größer als bei Leerlauf.

4.4 Einfluss der elektrischen und thermischen Leitfähigkeit

Um das Maximum der elektrischen Feldstärke E_{max} im Nennbetrieb signifikant zu reduzieren, richtet sich der Fokus auf die nachfolgenden Materialparameter des Isolierstoffs:

- elektrische Leitfähigkeit
- thermische Leitfähigkeit.

Zwar können die Eigenschaften der halbleitenden inneren und äußeren Leitschichten auch die elektrische Feldstärke im Isolierstoff beeinflussen. Jedoch wird der Einfluss dieser Halbleiter im Rahmen dieser Arbeit nicht weiter betrachtet.

Prinzipiell kann die *elektrische Leitfähigkeit* durch eine Verbesserung der (chemischen) Reinheit (beeinflusst durch Zersetzungsrückstände, Alterungsschutzmittel etc. ([6]), siehe **Anhang A1**) des Isolierstoffs erhöht und/oder durch die Zugabe von Füllstoffen ([7], [8]) positiv oder negativ beeinflusst werden. Die **Bilder 38** und **39** zeigen simulativ den Einfluss von unterschiedlichen Leitfähigkeiten $\kappa_0 = 10^{-15}/10^{-16}/\mathbf{10^{-17}}$**(Referenzwert)**$/10^{-18} S/m$ auf die im Nennbetrieb ($I = 1500\,A$) resultierenden Verteilungen der elektrischen Leitfähigkeit $\kappa(r) = f(\vartheta(r), E(r))$ und elektrischen Feldstärke $E(r)$.

Die Ergebnisse zeigen für größere elektrische Leitfähigkeiten $\kappa_0 > 10^{-17}\,S/m$ einen Zuwachs des Feldstärkemaximums um maximal $15\,\%$. Für $\kappa_0 = 10^{-18}\,S/m$ ist dagegen der Zuwachs des Feldstärkemaximums um $5\,\%$ etwas kleiner und der Effekt der Feldstärkeinversion nicht ausgeprägt. Daraus folgt, dass sich das Minimum der elektrischen Feldstärke mit nahezu homogener Verteilung im Bereich $\kappa_0 = 10^{-17} - 10^{-18}\,S/m$ befindet. Jedoch ist der fertigungstechnische Aufwand zur Realisierung von polymeren Isolierstoffen mit Grundleitfähigkeiten $\kappa_0 < 10^{-17}\,S/m$

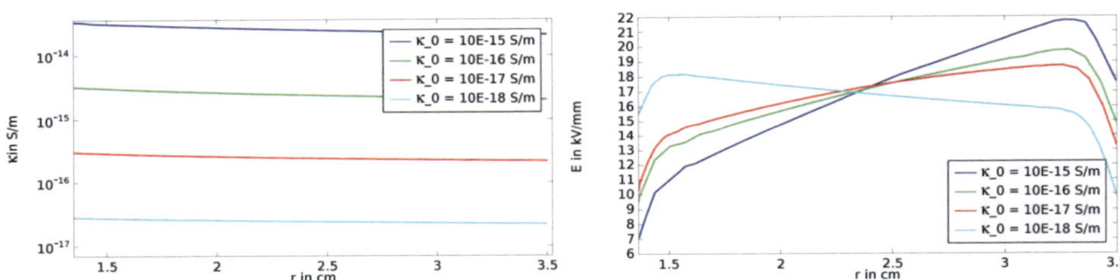

Bild 38: Elektrische Leitfähigkeitsverteilung $\kappa(r)$ für unterschiedliche Grundleitfähigkeiten κ_0 für $I = 1500\,A$

Bild 39: Resultierende elektrische Feldstärkeverteilung $E(r)$ für unterschiedliche Grundleitfähigkeiten κ_0 für $I = 1500\,A$

sehr hoch, da für eine höhere Reinheit polare Zersetzungs- und Fremdstoffe nach dem Extrusionsprozess des Kabels noch aufwendiger entgast werden müssen [76]. Allerdings ist ein vollständiges Entfernen dieser Stoffe durch Entgasung nicht möglich [76]. Gleichzeitig kann durch eine zu geringe elektrische Leitfähigkeit die Ausbildung von Raumladungen begünstigt werden.

Deshalb rückt der Fokus der nachfolgenden Betrachtungen auf den Einfluss der *thermischen Leitfähigkeit* auf die elektrische Feldstärke. Zur simulativen Analyse wurde ein Wertebereich von $\lambda = 0,38 - 1,4\,W/mK$ (in z-Richtung bzw. radialer Richtung) des Basispolymers LDPE betrachtet. Die übrigen Materialparameter und Annahmen (siehe **Kapitel 4.1**) bleiben für die Berechnungen unverändert. Damit wird vorausgesetzt, dass die elektrische Grundleitfähigkeit κ_0 trotz höherer thermischer Leitfähigkeit λ gleich bleibt und die sich einstellende elektrische Leitfähigkeit nur von der Temperatur $\vartheta(r)$ und der elektrischen Feldstärke $E(r)$ abhängig ist. Die Betrachtungen zur technischen Realisierung dieser Annahme durch eine geeignete Compoundierung des Basisisolierstoffs LDPE mit einem Füllstoff (z.B. *hexagonales Bornitrid h-BN*) und die messtechnische Verifizierung dieser Annahme ist Fokus des nachfolgenden **Kapitels 5**. Die nachfolgenden **Bilder 40 - 42** zeigen simulativ den Einfluss der thermischen Leitfähigkeit $\lambda = \mathbf{0,38}$ **(Referenzwert)** $/0,7/1/1,4\,W/mK$ auf die sich einstellende Temperatur-, elektrische Leitfähigkeits- und elektrische Feldstärkeverteilung über dem Isolierstoff für einen Innenleiterstrom von $I = 1500\,A$.

Die Ergebnisse zeigen einen signifikanten Einfluss der thermischen Leitfähigkeit auf die Verteilung und das Maximum der elektrischen Feldstärke. Bereits für $\lambda = 0,7\,W/mK$ kann das Feldstärkemaximum E_{max} auf das Niveau im Leerlauf $I = 0$

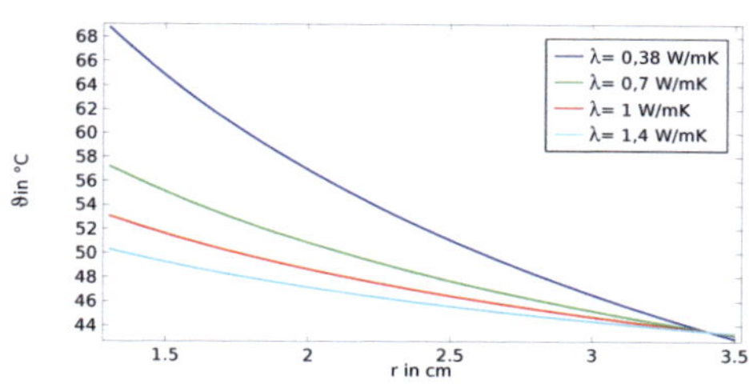

Bild 40: Temperaturverteilung $\vartheta(r)$ in Abhängigkeit von λ für $I = 1500\,A$

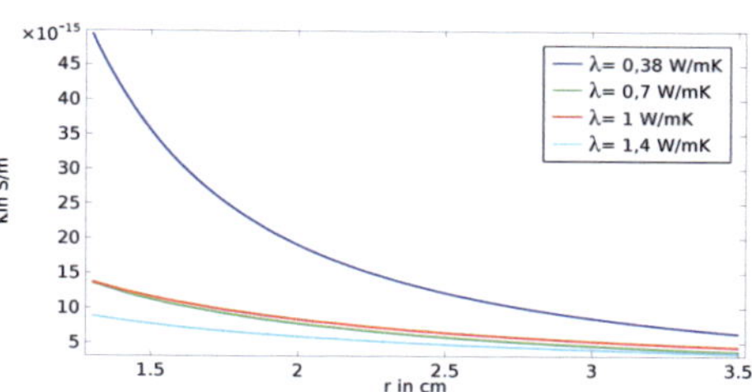

Bild 41: Elektrische Leitfähigkeit $\kappa(r)$ in Abhängigkeit von λ für $I = 1500\,A$

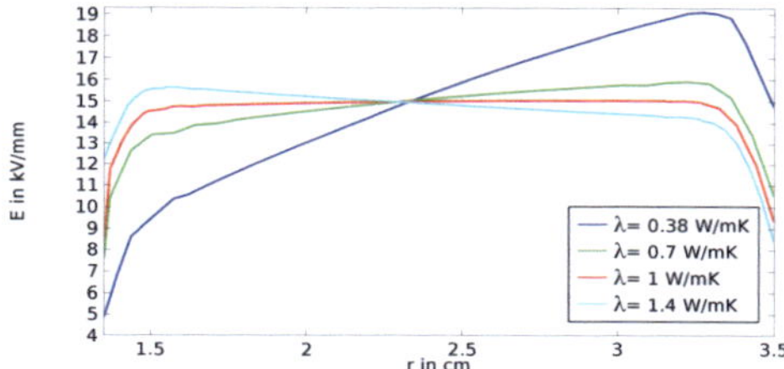

Bild 42: Resultierende elektrische Feldstärkeverteilung $E(r)$ in Abhängigkeit von λ für $I = 1500\,A$

(keine Stromwärmeverluste, $\Delta T = 0$) reduziert werden. Für $\lambda = 1\,W/mK$ stellt sich eine (nahezu) homogene Feldstärkeverteilung und somit eine gleichmäßige Beanspruchung über dem Isolierstoff ein. Eine weitere Erhöhung der thermischen Leitfähigkeit auf $\lambda = 1,4\,W/mK$ bewirkt eine Annäherung der elektrischen Feldstärkeverteilung zum Zustand bei Leerlauf. Deshalb wird $\lambda = 1\,W/mK$ als ein Optimum hinsichtlich der elektrischen Feldstärkebeanspruchung des Isolierstoffs festgestellt und als eine grundsätzliche Anforderung an das herzustellende Compound in **Kapitel 5** gestellt.

Aufgrund der signifikanten Reduzierung der maximalen Temperatur im Isolierstoff ist als Konsequenz eine Erhöhung des Innenleiterstroms unter Einhaltung des Temperaturmaximums von $70\,^\circ C$ möglich. In der nachfolgenden **Tabelle 11** ist der numerisch bestimmte maximal zulässige Innenleiterstrom in Abhängigkeit der thermischen Leitfähigkeit λ aufgelistet.

Tabelle 11: Maximaler Innenleiterstrom I in Abhängigkeit von der thermischen Leitfähigkeit λ des Isolierstoffs unter Einhaltung der maximalen Temperatur von $70\,^\circ C$ im Isolierstoff

λ in $[W/mK]$	$0,38$	$0,7$	1	$1,4$
I in $[A]$	1500	1700	1800	1900

5 Untersuchungen an wärmeleitenden Compounds LDPE + h-BN

5.1 Eigenschaften von Compounds

Bevor sich der Fokus ab **Kapitel 5.4** auf die Herstellung von geeigneten Compounds aus LDPE und hexagonalem Bornitrid (h-BN) zur Optimierung der Feldstärkebeanspruchung im gleichspannungsbeanspruchten Isolierstoff widmet, werden zunächst einige relevante Grundlagen und Eigenschaften dargestellt sowie die Neuheit des verwendeten Compounds durch eine Literatur- und Patentrecherche abgegrenzt.

Infolge der Miniaturisierung von elektronischen und elektrischen Geräten/Betriebsmitteln sowie der Erhöhung der Leistungsdichte werden zunehmend neue Anforderungen an Kunststoffe als Gehäuse- oder Isolierstoffe gestellt. Dabei bestehen die Zielstellungen oft in der Entwicklung von Kunststoffen mit hohen thermischen Leitfähigkeiten λ, geringen thermischen Ausdehnungskoeffizienten CTE, geringer relativer Permittivität ε_r, hohem spezifischem Widerstand ρ, hoher elektrischer Durchschlagsfestigkeit bei gleichzeitig relativ geringen Kosten. [7]

Werden leitfähige Polymere benötigt, so können Compounds aus elektrisch leitfähigen Füllstoffen und einem Basispolymer hergestellt werden. Eine weitere Möglichkeit besteht in der Behandlung intrinisch leitfähiger Polymere mit geringen Mengen von Oxidationsmitteln wie Chlor, Brom, Jod oder Arsenpentafluorid. Durch diese Reaktion (*„Dotierung"*) steigt die elektrische Leitfähigkeit stark an, da delokalisierte ionische Zentren im Makromolekül entstehen. Der Begriff der „Dotierung" wurde aus der Halbleitertechnik entnommen und beinhaltet die partielle Oxidation und Reduktion eines Polymers und nicht die Zumischung von Fremdatomen im Halbleiterkristall. Die so erzeugten positiven oder negativen Ladungsträger können bei einem angelegten elektrischen Feld entlang der Molekülkette wandern, sodass ein Ladungsträgertransport entsteht. [157]

Dagegen sind für isolationstechnische Anwendungen in der elektrischen Energietechnik (z.B. Gehäuse von leistungselektronischen Baugruppen / -elementen, Steckersysteme, Elektronikgehäuse, Leiterisolationen etc.) gefüllte Kunststoffe mit hohen Durchgangswiderständen von etwa $\rho = 10^{10} - 10^{15}\,\Omega \cdot cm$ und hohen elektrischen Durchschlagsfeldstärken von $E_d = 30 - 60\,kV/mm$ erforderlich. Zur verbesserten Abfuhr der (Strom-) Wärmeverluste sind je nach Anwendung oft wärmeleitfähige Kunststoffe mit einer höheren thermischen Leitfähigkeit notwendig, die zur gleichzeitigen Gewährleistung der elektrischen Isolation durch die Zugabe von elektrisch isolierenden Füllstoffen mit geringen Füllgraden in einem Basispolymer hergestellt werden. [7], [77] (S. 20)

Die geforderten Eigenschaften können gezielt durch die Zugabe von Zusatz- oder Füllstoffen in einem breiten Bereich variiert oder eingestellt werden. Zusatzstoffe wie Weichmacher, Farbstoffe, Stabilisatoren, Flammschutzmittel etc. sowie Zersetzungsrückstände und/oder Füllstoffe können verschiedene mechanische, elektrische, thermische und optische Eigenschaften der Polymere realisieren. [77] (S. 14)

Je nach Zusammensetzung werden in der Polymertechnik die Begriffe Kompositwerkstoff (engl.: composite) und Compound unterschieden. Als Kompositwerkstoff (oder Verbundwerkstoff) werden in der Regel mehrere, zu einem Werkstoff verbundene Materialien bezeichnet, zu denen beispielsweise auch Faserverbundwerkstoffe (CFK, GFK und AFK) und Schichtverbundwerkstoffe gehören. Dagegen ist ein Compound die Mischung reiner Stoffe (d.h. Grund-/Matrixstoffe und Füllstoffe) mit klar definierten Einzeleigenschaften zu einem Verbundwerkstoff mit quasi homogenen Mischungseigenschaften. Für die im Rahmen der Untersuchungen hergestellten wärmeleitenden Kunststoffe aus LDPE und h-BN mit unterschiedlichen Füllstoffanteilen wird deshalb im Folgenden der Begriff Compound verwendet. [77] (S. 27)

Je nach Anforderungen besteht die Zielstellung bei der Fertigung der spezifischen Compounds in einem Optimum zwischen geforderten mechanischen, dielektrischen und thermischen Eigenschaften. Während sich die mechanischen Eigenschaften, wie Zähigkeit, Sprödigkeit und Festigkeit, prinzipiell mit zunehmenden Füllstoffgraden verschlechtern, ist zur Realisierung von ansteigenden thermischen Leitfähigkeiten λ grundsätzlich eine Zunahme des Füllstoffanteils Φ (in Gew.-$\%$) (je nach Füllstoffart) notwendig [77] (S. 24-25). Zudem wird die thermische Leitfähigkeit λ des Gesamtwerkstoffs von der intrinsischen Wärmeleitfähigkeit λ_p der Füllstoffpartikel beeinflusst. Je nach analytischen Modellansatz lässt sich die thermische Leitfähigkeit λ des Compounds wie folgt berechnen:

- Serienmodell: $\frac{1}{\lambda} = \frac{1-\Phi}{\lambda_m} + \frac{\Phi}{\lambda_p}$
- Parallelmodell: $\lambda = (1-\Phi)\lambda_m + \Phi\lambda_p$

- geometrischer Mittelwert: $\lambda = \lambda_m^{\Phi} + \lambda_p^{1-\Phi}$ [77] (S. 28), [152].

Untersuchungen zeigen, dass eine signifikante Verbesserung von λ erreicht wird, wenn

$$\lambda_p \approx 10 \; - \; 100\,\lambda_m \tag{91}$$

(mit: λ_m - Wärmeleitfähigkeit des Basispolymers)

ist [106]. **Bild 43** zeigt schematisch die dargestellten Wechselwirkungen zwischen den mechanischen, elektrischen und thermischen Eigenschaften bei der Compoundierung von Kunststoffen.

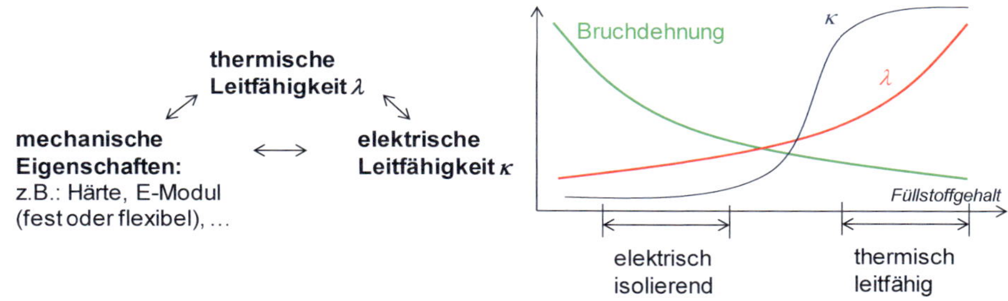

Bild 43: Wechselwirkungen und schematische Darstellung der Veränderung der elektrischen, thermischen und mechanischen Eigenschaften von Kunststoffcompounds mit steigendem Füllstoffgehalt [77] (S. 25)

Die Eigenschaften von Compounds werden stark von der Art und vom Anteil des zugemischten Füllstoffs beeinflusst. Zudem wird das Materialverhalten durch die Form, Größe, Orientierungen und Verteilungen der Füllstoffpartikel in der Polymermatrix sowie den Grenzflächenwiderstand zwischen Polymermatrix und Füllstoffpartikeln entscheidend bestimmt. [7], [77] (S. 20 - 24)

5.2 Literaturrecherche zu Füll- und Zusatzstoffen

Um die Neuheit der Compoundierung von LDPE mit h-BN als Kabelisolierstoff für Gleichspannungsanwendungen zu zeigen, werden in diesem Kapitel die Ergebnisse einer Literaturrecherche hinsichtlich der Verwendung von Füll- und Zusatzstoffen für polymere DC-Isolierstoffe dargestellt. Nach derzeitigem Stand der Technik können

- Additive für HDÜ-Kabel,
- organische Zusatzstoffe,
- anorganische Füllstoffe *oder*
- Maleinsäureanhydride zum Aufpolymerisieren von Polyethylen

verwendet werden, um eine Verbesserung der elektrischen Durchschlagsfeldstärke und/oder eine Reduzierung von akkumulierten Raumladungen in gleichspannungsbeanspruchten polymeren Isolierstoffen zu erreichen [107] - [123].

Klassische *Additive*, die ursprünglich der polymeren Isolation von HDÜ-Kabeln zugegeben wurden, können auch in geeigneten Zusammensetzungen zur Reduzierung der Raumladungsakkumulation in polymeren DC-Isolierstoffen verwendet werden. Untersuchungen zeigen, dass dafür besonders

- Dicumyl-Peroxide (Vernetzungsmittel zu $1,2$ - $1,8\,\%$),
- 3-(3,5-di-tert-butyl-4-hydroxphenyl)propionic-Säure und thiodiglycol (Irganox 1035 (R)) (Antioxidationsmittel) *oder*
- 2,4-diphenyl-4-methyl-pentene-1 (Flammschutzmittel)

für polymere DC-Isolationen mit Dicken $d \gtrsim 10\,mm$ geeignet sind [123].

Als *organische Zusatzstoffe* können beispielsweise

- Glycerol-Fettsäureester (zu $0,1 - 1\,\%$) [108],
- phenolhaltige Antioxidantien (z.B. Zink-Caprylate zu $0,0005 - 0,002\,\%$) und ethylenische Copolymere mit zweiwertigen Säureanhydriden [109],
- organischer Phosphor [110] *oder*
- bis-(p-ethylbenzylidene)sorbitol zu $0,3$ Vol.-$\%$ [111]

zugegeben werden, um eine Verbesserung der dielektrischen Eigenschaften zu realisieren. Ein weiterer Ansatz beinhaltet das Einbringen von polaren Gruppen, die ein Abspalten von Sauerstoffatomen während des Extrusionsprozesses bewirken.

Dieser gelöste Sauerstoff reagiert zu freien Radikalen, welche überproportional zu Alkohol, Aldehyden und Ketonen weiter reagieren und so in der Polymermatrix zur Reduzierung von Raumladungen führen [112]. Jedoch widerspricht diese Methode einem Standardansatz zur Verringerung der elektrischen Leitfähigkeit in polymeren DC-Isolierstoffen, welcher eine Reduzierung der polaren Anteile beinhaltet.

Anorganische Füllstoffe können grundsätzlich in *elektrisch leitende* und *elektrisch isolierende* Füllstoffe (Keramiken) unterteilt werden. Für Isolierstoffe werden i.d.R. elektrisch isolierende Füllstoffe verwendet, während mit elektrisch leitenden Füllstoffen, wie Ruß, Graphit oder Metall, signifikant höhere Wärmeleitfähigkeiten erreicht werden können. **Tabelle 12** (auszugsweise aus [77] (S. 21)) enthält typische Werkstoffkennwerte einiger verschiedener elektrisch leitender bzw. isolierender Füllstoffmaterialien. [77]

Tabelle 12: Werkstoffkennwerte verschiedener Füllstoffmaterialien (auszugsweise aus [77] (S. 21))

Werkstoffe	**Elektrische Leitfähigkeit κ in** S/m	**Wärmeleitfähigkeit λ** in W/mK	**Dichte ρ_D** in g/cm^3	**Wärmekapazität** c_p in J/kgK	**Temperaturleitfähigkeit** a in mm^2/s
Kupfer (rein) [84]	$58 \cdot 10^6$	395	$8,96$	380	116
Aluminium (Al 99,5) [85]	$41 \cdot 10^6$	210 bis 220	$2,7$	900	$99,5$
Graphit (expandiert) [86]	$3 \cdot 10^6$	250 bis 500	$0,02$ bis 2	710	176
Aluminiumoxid (Al_2O_3 ($>$ $99,8\,\%$)) [78], [79], [80]	10^{-12}	17 bis 30	$3,92$	880	$4,9$ bis $8,7$
Bornitrid (hexagonal) [81], [82], [83], [87], [91]	10^{-13}	parallel: 400 senkrecht: 2	$2,24$	$1,7$	$215,5$

Untersuchungen zu Graphit (gemahlenes Naturgraphit mit Kohlenstoffgehalt > $99\,\%$, mittlere Korngröße $D_{50} \approx 4$ - $6\,\mu m$) in Silikon zeigen eine signifikante Veränderung der elektrischen Leitfähigkeit. Bis zu einer Feldstärke von $E \approx 4\,kV/mm$ wurden eine leichte Erhöhung und entgegen zum reinen Silikon kein exponentieller Anstieg gemessen. Grundsätzlich lässt sich eine Steigerung der elektrischen Leitfähigkeit in Abhängigkeit vom Graphitanteil und von der Temperatur feststellen. Zudem stellt sich eine Verschlechterung der Durchschlagsspannung in Abhängigkeit vom Füllstoffanteil ein. [127]

Weitere Untersuchungen mit dem Nanofüllstoff *carbon black (CB)* in Silikon zeigen eine leichte Erhöhung des Volumenwiderstandes und der DC-Durchschlagsspannung bis zu einem Füllstoffanteil von $0,3$ Gew.-$\%$. Aufgrund der Perkolationsschwelle und der resultierenden Eigenschaften der Interzonen verschlechtern sich beide Parameter für höhere Füllstoffanteile. [128]

Untersuchungen hinsichtlich der anorganischen Füllstoffe TiO_2, $BaTiO_3$ und Jod J zeigen eine Reduzierung der Raumladungsakkumulation und eine signifikante Veränderung der elektrischen Durchschlagsfeldstärke erreicht wird [113] - [116]. Mehrere Arbeiten beinhalten, dass mit einer optimalen mittleren Partikelgröße $D_{50} \lesssim 15\,\mu m$ von anorganischen Füllstoffen grundsätzlich eine Verbesserung des dielektrischen Verhaltens und eine Reduzierung der Akkumulation von Raumladungen bewirkt werden kann. Größere Partikel können dagegen zur Ausbildung von Initiierungsstellen von elektrischen Durchschlägen beitragen. [107]

Beispielsweise beinhalten die Untersuchungen zu $BaTiO_3$, dass durch diesen Füllstoff eine Reduzierung der Durchschlagsfestigkeit durch die Veränderung der sog. Sphärolith-Größe erreicht wird. Als *Sphärolith* wird eine typische kugelförmige Überstruktureinheit in thermoplastischen Kunststoffen bezeichnet, in der Kristallite radialsymmetrisch angeordnet und über amorphe Zwischenbereiche fest verbunden sind. Die Größe und die Anzahl der Sphärolithe in einem Werkstück beeinflussen wesentlich dessen mechanische und optische Eigenschaften. Zudem werden durch die Zugabe dieses Füllstoffes Initiierungsstellen von elektrischen Durchschlägen im Polymer gebildet. [115], [116]

Andere Untersuchungen zeigen hingegen eine Zunahme der elektrischen Festigkeit durch die Verwendung von Magnesiumdioxid (MgO) mit einem Füllstoffanteil von $0,1$ -

$0,8$ Vol.-$\%$ und einer mittleren Partikelgröße von $0,01$ - $0,1\,\mu m$ [117]. Ein weiteres Patent beinhaltet die Zugabe von polarisiertem MgO mit denaturisierten Maleinsäureanhydriden und Vernetzungsmitteln [118]. Dagegen reduziert widerrum die Zugabe von Zink-Caprylsäure zu $0,0001$ - $0,001$ Vol.-$\%$ den spezifischen elektrischen Widerstand [119]. Untersuchungen von Andritsch et al. zeigen, dass durch die Kombination von Bornitrid-Partikeln (mit einer Größe von $70\,nm$ und einem Füllstoffanteil von 10 Vol.-$\%$) mit Mikropartikeln ($500\,nm/1,5\,\mu m/5\,\mu m$ zu 10 Vol.-$\%$) signifikant die DC-Festigkeit von Expoxidharzen verbessert wird [121]. Andere Messungen zeigen auch eine Verbesserung der AC-Festigkeit für Compounds aus Polystyrol ($E_{d,0} = 182 \pm 4\,kV/mm^{-1}$) und einen maximalen Füllstoffanteil von Bornitrid von 20 Vol.-$\%$ zu $E_{d,1} = 209 \pm 5\,kV/mm^{-1}$ [122].

Eine signifikante Reduzierung von akkumulierten Raumladungen kann auch durch das *Aufpolymerisieren von Polyethylen mit Maleinsäureanhydriden* erreicht werden. Durch ein Vernetzungsmittel mit einer Halbwertszeit von $5\,h$ bei $130\,°\,C$ (z.B. 2,5-dimethyl-2,5-di(t-butyl-peroxid)hexine3) kann neben einer Reduzierung der Vernetzungsrückstände nach dem Extrusionsprozess auch eine höhere Schmelztemperatur erreicht werden. [120]

5.3 Patentrecherche zu Einsatz und Verwendung des Füllstoffs h-BN

Um die Neuheit der gewählten Compoundierung von LDPE mit h-BN als Kabelisolierstoff für Gleichspannungsanwendungen weiterhin abzugrenzen, wurde neben der Literaturrecherche in **Kapitel 5.2** eine Patentrecherche in *PatBase* und *DEPATIS-EXTERN*-Datenbanken durchgeführt. Die nachfolgenden **Tabellen 13 - 15** enthalten einen Überblick über die derzeitige Verwendung von hexagonalem Bornitrid als Füllstoff. Es zeigt sich, dass hexagonales Bornitrid als Füllstoff zur Erhöhung der Wärmeleitfähigkeit von polymeren Materialien verwendet wird. Durch die höhere Wärmeleitfähigkeit kann die Abgabe der Verlustwärme durch das Polymer signifikant verbessert werden. Zwei Patente zeigen die Verwendung von h-BN in Isolierstoffen / Isoliersystemen. Jedoch gibt es kein Patent, das die Polymerzusammensetzung aus VPE / LDPE und dem Füllstoff h-BN als Kabelisolierstoff (besonders für Gleichspannungsanwendungen) enthält.

Tabelle 13: Verwendung von h-BN zur Erhöhung der Wärmeleitung in Polymeren

Patentbezeichnung	Inhalt / Verwendung
US2014252265A1; WO2014135624A1	thermoplastische Formmasse aus thermoplastischem Elastomer (verschiedene Polyamide) und Füllstoff (z.B. BN) für Körper (Fasern, Folien und Formteile) zum Wärmetransport
EP1184899A3	Herstellung wärmeleitender Klebefilme (mit BN-Pulver) für elektronische Komponenten
US2010310861A1	wärmeleitendende Polymerzusammensetzungen aus Polyimiden und mit turbostratischem Kohlenstoff beschichteten h-BN-Partikeln
US2009305043A1	Verfahren zur Herstellung von BN-Partikeln für wärmeleitende Polymere / Compounds

Tabelle 14: Verwendung von h-BN in polymeren Kabelmantelmaterial

Patentbezeichnung	Inhalt / Verwendung
CN106883618	Herstellungsverfahren für thermoplastisches Elastomerverbundmaterial als Ummantelungsmaterial mit Seewasserbeständigkeit, hoher mechanischer Festigkeit und Beständigkeit für maritime Arbeiten
CN103483696	Kabelummantelungsmaterial mit antimykotischen Funktion (u.a. 7 - 10 Teile h-BN)
CN105133575A	Kabelmaterial für Datenübertragungskabel im Automobiltechnik (u.a. 3 - 5 Teile h-BN)
CN104194187	kobalthaltiges hartes Kabelmaterial (u.a. 2 - 4 Teile h-BN) zur Erhöhung der Verschleiß- und Zugfestigkeit

Tabelle 15: Verwendung von h-BN in elektrischen Isolierstoffen

Patentbezeichnung	Inhalt / Verwendung
WO2013104859A1	elektrisches Isolierverbundmaterial aus PA oder PPS als Basispolymer und h-BN als Füllstoff in Wärmeaustauschelement in einer Vorrichtung für Kalorienaustausch
WO2016049477A1	geschichteter Isolierstoff aus isolierenden Papierschichten und einer thermisch leitfähigen Schicht (mit Füllstoff, z.B. BN)

5.4 Eigenschaften des Basispolymers LDPE und Füllstoffs h-BN

Im Rahmen der eigenen Untersuchungen besteht die Zielstellung in der Herstellung von Compounds aus LDPE mit dem Füllstoff h-BN, um die thermischen Leitfähigkeit gegenüber das Basispolymer LDPE auf $\lambda = 1\,W/mK$ zu erhöhen. Gleichzeitig soll die elektrische Leitfähigkeit nahezu unverändert bleiben oder reduziert werden. Um den Einfluss des Füllstoffs h-BN auf die dielektrischen Eigenschaften untersuchen zu können, wurden Compounds mit unterschiedlichen Füllstoffkonzentrationen hergestellt.

Als **Basispolymer** wurde ein LDPE mit der Bezeichnung *Lupolen 1800S* der Firma *Lyondelbasell* für Spritzgieß- und Compoundingverfahren verwendet. Es ist durch ein hohes Fließvermögen, einen hohen Weichheitsgrad und eine hohe Formstabilität gekennzeichnet. **Tabelle 16** enthält wesentliche Materialeigenschaften des ausgewählten Polymers.

Tabelle 16: Materialeigenschaften von Lupolen 1800S [92]

Kenngröße	**Wert**	**Einheit**	**Prüfnorm**
Dichte ρ	$0,917$	gcm^{-3}	ISO 1183-1
Spezifische Wärmekapazität c_p	1900	$Jkg^{-1}K^{-1}$	k.A.
Schmelztemperatur T_S	180 - 230	$^\circ C$	k.A.

Als **Füllstoff** wurde auf den keramischen Sinterwerkstoff hexagonales Bornitrid (h-BN) zurückgegriffen, das typischerweise als Additiv zur Verbesserung der Hochtemperatureigenschaften in Ölen und Fetten, als Füllstoff in Beschichtungen aufgrund der geringen Benetzbarkeit oder als Füllstoff zur Erhöhung der Wärmeleitfähigkeit von Kunststoffen verwendet werden kann [90]. Bei der Herstellung von Bornitird durch unidirektionales Heißpressen wird die hexagonale Kristallstruktur beim Heißpressen ausgerichtet. Aufgrund der atomaren Ausrichtung im Pressvorgang sind viele der Eigenschaften richtungsabhängig (anisotrop). [159]

Grundsätzlich ist Bornitrid als ein III-V-Verbindungshalbleiter mit Bor B als Element der dritten und Stickstoff N als Vertreter der fünften Hauptgruppe einzuordnen. Im Verbund dieser Verbindungshalbleiter stehen ebenso viele Elektronen wie bei den elementaren Halbleitern Silizium Si oder Germanium Ge zur Verfügung, sodass beide Halbleiterarten ähnliche elektronische Eigenschaften aufweisen [94] (S. 100). Auf Grund der großen Bandlücke von $\Delta W = 6$ - $8\,eV$ [95] (S. 400) weist Bornitrid Eigenschaften als Halbleiter auf. [98], [99], [100]

Je nach chemischer Struktur kann Bornitrid verschiedene Modifikationen aufweisen:

- hexagonales Bornitrid mit Schichtstruktur aus hexagonalen $(BN)_3$-Ringen (h-BN, α-BN)
- kubisches Bornitrid (c-BN, β-BN)
- wurtzitisches Bornitrid (γ-BN). [77] (S. 40)

Die Struktur aller III-V-Verbindungshalbleiter ist durch das *Zinkblendegitter* gekennzeichnet, das im Aufbau dem Diamantgitter entspricht [94] (S. 100). Speziell für Bornitrid bestehen die einzelnen Schichten aus einer planaren, hexagonalen Wabenstruktur, bei der die B- und N-Atome sich abwechseln und durch starke kovalente Kräfte gebunden sind. Dagegen unterscheiden sich bei den Modifikationen die Kräfte zwischen den einzelnen Schichten. Bei hexagonalem Bornitrid (h-BN) wirken nur schwache *Van-der-Waals*-Bindungskräfte zwischen den Schichten, deren Abstände mit denen im Graphit vergleichbar sind. Im h-BN sind die Schichten aber anders angeordnet, sodass sich auch übereinander B- und N-Atome abwechseln. **Bild 44** zeigt die Struktur von hexagonalem Bornitrid. [95] (S. 40), [96], [101]

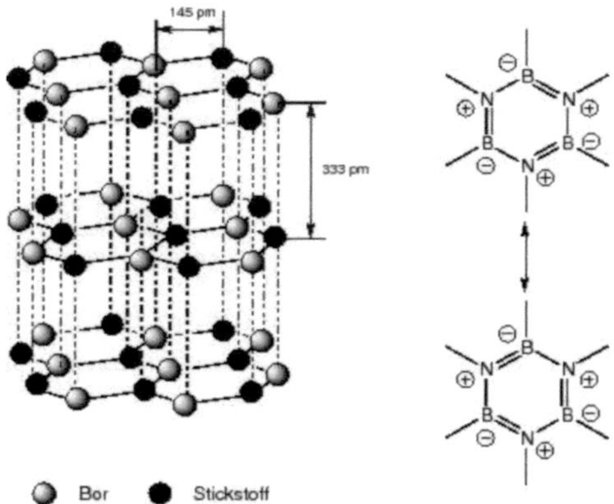

Bild 44: Struktur von hexagonalem Bornitrid h-BN [101]

Aufgrund der Analogien sind die Eigenschaften von h-BN und Graphit vergleichbar. Damit lässt sich begründen, dass h-BN ein Hochpolymer mit sehr geringer Härte und guten Gleiteigenschaften ist. Deshalb wird h-BN als Schmiermittel und in Kosmetika, aber auch als potentielles Material für (UV-)Leuchtdioden zur Wasseraufbereitung (noch in Erprobung) [126] (S. 12) eingesetzt. Aufgrund der geringen Dichte und guten mechanischen Verarbeitbarkeit hat sich hexagonales Bornitrid zudem als ein Hochtemperaturwerk- und -füllstoff für Isolationen von Bauteilen und Komponenten in der Elektrotechnik und für Schmelztiegel durchgesetzt. [90], [10]

Für die Herstellung der Proben wurde als Füllstoff ein h-BN mit der Bezeichnung *HeBoFill Bornitrid 641* der Firma *Henze Boron Nitride Products* verwendet, das als Pulver in einem 5-kg-Beutel (Kosten: 500 Euro) erhältlich war. Die wesentlichen Materialeigenschaften des Füllstoffs sind in **Tabelle 17** enthalten. Aufgrund der Schichtstruktur und der schwach wirkenden Van-der-Waalschen-Kräfte zwischen den Schichten weißt hexagonales Bornitrid anisotrope Eigenschaften auf. Daher ist die Wärmeleitfähigkeit in einer Schichtebene größer als senkrecht zu den Ebenen [77] (S. 40).

Tabelle 17: Materialeigenschaften von HeBoFill Bornitrid 641

Kenngröße	**Wert**	**Einheit**	**Quelle**
Dichte ρ	$2,24$	gm^{-3}	[90]
Spezifische Wärmekapazität c_p	$1,7$	$Jg^{-1}K^{-1}$	[91]
Wärmeleitfähigkeit λ:		$Wm^{-1}K^{-1}$	[91]
parallel zur Schichtebene	400		
senkrecht zur Schichtebene	2		
Mittlere Teilchengröße D_{50}	12	μm	[90]
Einsatztemperatur ϑ:		$^\circ C$	[90]
unter Luft	900		
unter Schutzgas	2300		

5.5 Herstellungsprozess der Compounds

Die Herstellung der Probeplatten der wärmeleitenden Compounds (mit den Abmessungen $85\,x\,200\,x\,1\,mm$) erfolgte in zwei Schritten (Extrusion und Spritzgießen) in Zusammenarbeit mit dem Fachgebiet „Kunststofftechnik" an der TU Ilmenau. Der Basisisolierstoff *LDPE* wurde mit dem Füllstoff *h-BN* zu Compounds mit $5, 10, 15$ und 20 Vol.-$\%$ verarbeitet. Dafür wurde die LDPE-Kunststoffmatrix, die für 5 Stunden bei $80\,^\circ C$ in einem Ofen vorgetrocknet wurde, über eine gravimetrische Dosierung in die Hauptzuführung eines Doppelschneckenextruders mit einem L/D-Verhältnis von 38 (DSE 38) eingebracht. Die Zugabe der Füllstoffe erfolgte separat über eine Seitenbeschickung. Durch zwei ineinander greifende Schnecken wird der Basisisolierstoff aufgeschmolzen und mit dem zugeführten Füllstoff homogen gemischt. **Bild 45** zeigt schematisch den Schneckenaufbau im Doppelschneckenextruder (DSE) für die Herstellung der Compounds. [77] (S. 43)

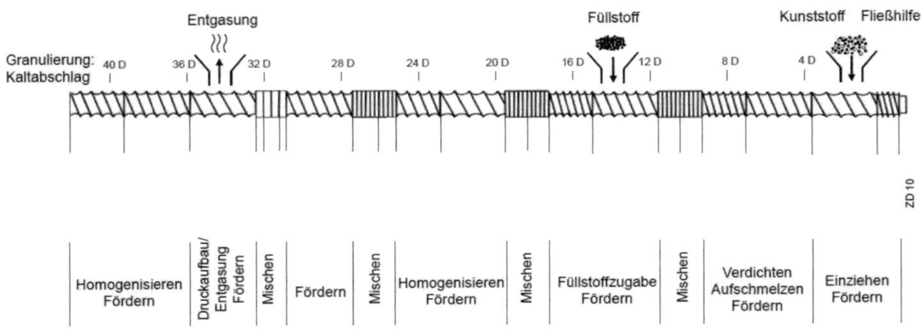

Bild 45: Schneckenaufbau im Doppelschneckenextruder (DSE) für die Herstellung von Compounds [77] (S. 43)

Während des Extrusionsvorgangs müssen die Materialien einer bestimmten thermischen und mechanischen Beanspruchung ausgesetzt werden. Bei zu hoher Belastung können Füllstoffe und Additive abgebaut, bei zu geringer Scherwirkung kann keine ausreichende homogene Mischung realisiert werden [93] (S. 14). Deshalb wurden die Maschinenparameter des DSE konstant und die Temperaturen mit $\vartheta = 200$ - $230\,^\circ C$ verhältnismäßig niedrig gehalten, um den Kunststoff durch die Mehrfachverarbeitung möglichst gering thermisch zu schädigen. Um eine überwiegend homogene Durchmischung der Compoundschmelze zu realisieren, sind drei Mischzonen und eine Entgasungsstelle in der Schneckenkonfiguration des DSE notwendig [77] (S. 43 - 44). Nach erfolgter Extrusion der Schmelze werden die hergestellten Stränge in einem Wasserbad bis zum vollständigen Erstarren gekühlt und granuliert. Abschließend wird das produzierte Granulat einer Spritzgießmaschine zugeführt und mit Bornitrid-Konzentrationen von $5, 10, 15$ und 20 Vol.-$\%$ zu Probeplatten mit 1 oder $2\,mm$ Wanddicke urgeformt.

Um eine homogene Füllstoffverteilung ohne Agglomerate (makroskopische Füllstoffansammlungen) nachzuweisen, wurden Analysen an erstellten Dünnschnitten mittels Durchlichtmikroskopie und Computertomographie (CT) durchgeführt. **Bilder 46** und **47** zeigen beispielhaft zwei Aufnahmen der resultierenden Partikelverteilung an Dünnschnitten einer Probeplatte mit einem Füllstoffgehalt von 5 Vol.-$\%$ BN.

Bild 46: Resultierende Partikelverteilung im Dünnschnitt einer Probeplatte LDPE + 5 Vol.-$\%$ BN mittels Durchlichtmikroskopie [89]

Die Ergebnisse der Verteilungsanalyse mittels Durchlichtmikroskopie und Computertomographie zeigen homogene Partikelverteilungen. Am Beispiel einer Probeplatte mit einem Füllstoffanteil von 5 Vol.-$\%$ h-BN wurde ein Mittelwert von 42 Partikeln bei einer Standardabweichung von $5,6\,\%$ über allen Quadranten gemessen. Bornitrid-Agglomerate in Form von schwarzen Flächen sowie helle Bereiche mit verringerten Bornitrid-Konzentrationen konnten nicht detektiert werden. Vergleichbare Standardabweichungen ohne Agglomerate wurden auch bei den Compounds mit Konzentrationen von $10, 15$ und 20 Vol.-$\%$ h-BN gemessen. Mit diesen Ergebnissen kann grundsätzlich gezeigt werden, dass eine homogene Herstellung von wärmeleitenden Kunststoffen als mögliche Isolierstoffe für DC-Hochspannungskabel realisierbar ist. [89]

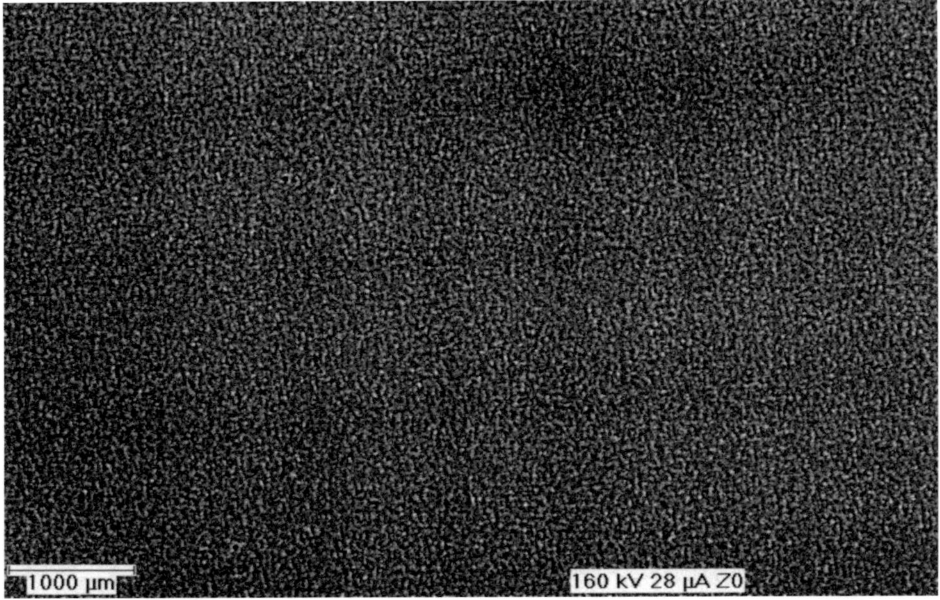

Bild 47: Resultierende Partikelverteilung im Dünnschnitt einer Probeplatte LDPE + 5 Vol.-$\%$ BN mittels Computertomographie

5.6 Messtechnische Bestimmung thermoanalytischer Parameter

5.6.1 Dichte

Die Bestimmung der Dichte ρ_D kann an getrockneten Compounds mittels Gasverdrängungspyknometer bei $20\,^\circ C$ nach DIN ISO 1183-3 vorgenommen werden, in dem mittels Druckmessung das Volumen von festen Stoffen ermittelt wird [77] (S. 49). **Tabelle 18** enthält die Ergebnisse (Mittelwerte aus jeweils 5 Proben) für die Dichte der unterschiedlichen Compounds (Probeplatten) in Abhängigkeit des Füllstoffanteils von h-BN.

Die Ergebnisse zeigen eine Zunahme der Dichte bis zu einem Füllstoffanteil von 15 Vol.-$\%$ und nahezu eine Sättigung des Wertes für 20 Vol.-$\%$ h-BN.

Tabelle 18: Ermittelte Dichte der Compounds LDPE + h-BN

Füllstoffanteil von h-BN in Vol.- $\%$	**Dichte** ρ_D **in** g/cm^3
0	$0,917$
5	$0,941$
10	$0,962$
15	$1,026$
20	$1,028$

5.6.2 Wärmekapazität

Die Bestimmung der Wärmekapazität c erfolgt typischerweise mittels temperaturmodulierter Differential-Scanning-Calorimeter (DSC), welches eine computergestützte Analyseeinheit für die Ermittlung von Phasenumwandlungen und/oder Reaktionen in Abhängigkeit von der Temperatur ist [77] (S. 49). **Bild 48** enthält für die unterschiedlichen Compounds LDPE + x Vol.-$\%$ h-BN die ermittelten Werte für Wärmekapazität als Mittelwertbildung aus jeweils fünf Einzelmessungen für die Temperaturen $20, 50$ und $80\,^\circ C$. Aufgrund der anisotropen Eigenschaften von h-BN sowie der Herstellung der Compounds durch Extrusion ([160]) weisen die Werte der Compounds ebenfalls ein deutliches anisotropes Verhalten in x-, y- und z-Richtung auf. Als Referenzwert dient ein richtungsunabhängiger Durchschnittswert für das Basispolymer LDPE bei $20\,^\circ C$. Die Ergebnisse zeigen einen signifikanten Einfluss der Temperatur auf die Wärmekapazität c. Dagegen ist die Abhängigkeit zum Füllstoffanteil von h-BN nur schwach ausgeprägt.

5.6.3 Wärmeleitfähigkeit mittels Nano-Flash-Verfahren

Grundsätzlich kann die Wärmeleitfähigkeit λ von Kunststoffen durch verschiedene Verfahren bestimmt werden. Bei *stationären Verfahren* wird ein zeitlich konstanter Wärmestrom der Probe zugeführt und über den sich einstellenden Temperaturgradienten entlang der Probe die Wärmeleitfähigkeit bestimmt. Bei *instationären Verfahren* erfolgt die Bestimmung von λ durch die Messung des zeitlichen Verlaufs des Wärmestroms. [77] (S. 49)

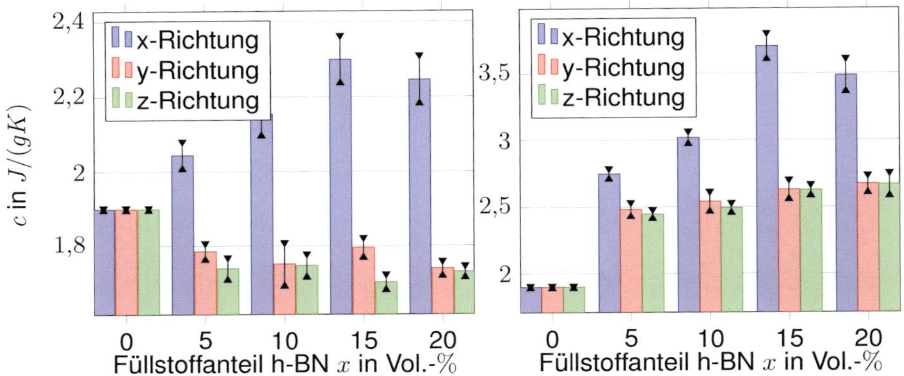

Bild 48: Richtungsabhängige Wärmekapazität c von LDPE + x Vol.-% h-BN für $\vartheta = 20\,^\circ C$ (links) und $80\,^\circ C$ (rechts)

Bei der richtungs- und temperaturabhängigen Bestimmung der Temperaturleitfähigkeit α durch ein *Nano-Flash-Gerät LFA447* der *Fa. Netzsch GmbH* nach Norm ASTM 1461 handelt es sich um ein instationäres Verfahren. Bei dieser Methode wird einseitig ein Energieimpuls in Form eines Xenon-Lichtblitzes in die jeweilige Kunststoffprobe eingebracht und der zeitabhängige Temperaturanstieg auf der gegenüberliegenden Seite der Probe mittels Infrarot-Detektor erfasst. Mit Hilfe der Software kann aus dem resultierenden Kurvenverlauf die Temperaturleitfähigkeit α berechnet werden. **Bild 49** zeigt die Ergebnisse für die ermittelten richtungsabhängigen Temperaturleitfähigkeiten α der Compounds als Mittelwertbildung aus jeweils fünf Einzelmessungen in Abhängigkeit der Temperatur. Als Referenzwert dient ein temperatur- und richtungsunabhängiger Tabellenwert für das Basispolymer LDPE. [77] (S. 49 - 50)

Zusammen mit der Dichte ρ_D und der Wärmekapazität c lässt sich über **Formel 92** die temperaturabhängige Wärmeleitfähigkeit

$$\lambda(T) = \alpha(T) \cdot \rho_D(T) \cdot c(T) \qquad (92)$$

bestimmen [77] (S. 50). Aufgrund der anisotropen Eigenschaften der Compounds unterscheiden sich die Wärmeleitfähigkeiten in x-, y- und z-Richtung. **Bild 50** zeigt die Ergebnisse für die ermittelten richtungsabhängigen Wärmeleitfähigkeiten der Compounds als Mittelwertbildung aus jeweils fünf Einzelmessungen in Abhängigkeit der Temperatur. Als Referenzwert wurde ein temperatur- und richtungsunabhängiger Tabellenwert für das Basispolymer LDPE eingetragen.

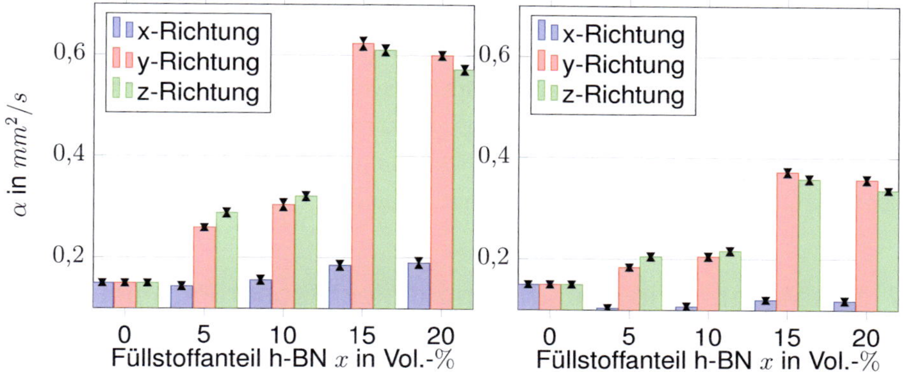

Bild 49: Richtungsabhängige Temperaturleitfähigkeit α von LDPE + x Vol.-% h-BN für $\vartheta = 20\,°C$ (links) und $80\,°C$ (rechts)

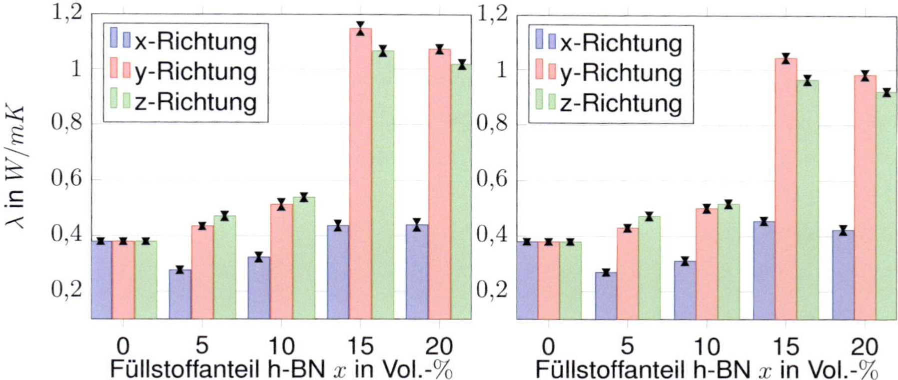

Bild 50: Richtungsabhängige Wärmeleitfähigkeit λ von LDPE + x Vol.-% h-BN für $\vartheta = 20\,°C$ (links) und $80\,°C$ (rechts)

Die Ergebnisse der **Bilder 49** und **50** zeigen, dass die Temperaturleitfähigkeit der Compounds signifikant vom Füllstoffanteil und der Temperatur beeinflusst wird. Jedoch ist der Einfluss der Temperatur ϑ auf die Wärmeleitfähigkeit λ nur schwach ausgeprägt.

Der sprunghafte Anstieg der beiden Parameter α und λ zwischen den Füllstoffanteilen von 10 und 15 Vol.-% h-BN lässt sich mittels *Perkolationstheorie der Wärmeleitung* in gefüllten Kunststoffen erklärt werden. Laut dieser Theorie fließt die Wärme bei niedrigen Füllstoffanteilen relativ gleichmäßig durch das Compound. Mit zunehmenden Füllstoffanteil bilden sich für den Wärmefluss bevorzugte Bahnen von Füllstoffpartikeln aus, die eine Wärmeleitung durch die thermisch hochleitfähigen Füllstoffe ermöglichen, ohne relevante Strecken vom isolierenden Basispolymer zu überwinden. Trotzdem lassen sich bei der Darstellung der lokalen Wärmeströme noch deutlich die einzelnen Füllstoffpartikel im umgebenden Basispolymer nachweisen (d.h. es bilden sich keine Agglomerate aus). [77] (S. 94-95)

5.7 Messtechnische Bestimmung dielektrischer Parameter

5.7.1 Konditionierung der Probeplatten

Für definierte Bedingungen und reproduzierbare Ergebnisse ist die Konditionierung der einzelnen Probeplatten (Prüfkörper) eine wichtige Voraussetzung zur Durchführung der nachfolgenden Messungen zur Bestimmung der dielektrischen Parameter. Die Konditionierung der jeweiligen Probeplatten erfolgte nach Norm *DIN EN 62631-3-1 (VDE 0307-3-1):2017-01* [65] zunächst für 4 Tage bei einer Temperatur von $23\,^\circ C$ und einer relativen Luftfeuchte von $50\,\%$. Je nach geforderter Temperatur zwischen 30 - $80\,^\circ C$ wurden die Probekörper zusätzlich für weitere 24 Stunden unter den jeweiligen Klimabedingungen gelagert [65]. Die entsprechenden Temperaturen wurden für die Bestimmung der relativen Permittivität mittels Heizplatten und für die Messungen der (scheinbaren) elektrischen Leitfähigkeit mittels Wärmeschrank bereitgestellt.

5.7.2 Relative Permittivität

Die messtechnische Bestimmung der *relativen Permittivität* ε_r entlang der z-Richtung erfolgte mittels einer Schering-Messbrücke von *Tettex* bei Netzfrequenz und einer elektrischen Feldstärke von $1\,kV/mm$. Dazu wurde die zugehörige Erdelektrode als Schutzringanordnung (siehe **Kapitel 2.6.1**) ausgeführt. Zur messtechnischen Erfassung des Einflusses von unterschiedlichen Temperaturen $\vartheta = 20$ - $70\,^\circ C$ wurden die Hochspannungs- und Erdelektrode mittels Heizplatten erwärmt. **Bild 51** zeigt die erhaltenen Messergebnisse für die relative Permittivität ε_r in Abhängigkeit des Füllstoffgehalts von h-BN und der Temperatur ϑ.

Für jeden Temperaturpegel ist ein signifikanter Einfluss des Füllstoffgehalts von h-BN auf die relative Permittivität festzustellen. Bei einem Füllstoffgehalt von 20 Vol.-$\%$ h-BN beträgt die Änderung $\Delta\varepsilon_r \approx +0,1$ bis $+0,15$ gegenüber dem Basispolymer LDPE. Zudem lässt sich, wie bei den thermoanalytischen Parametern *Dichte,*

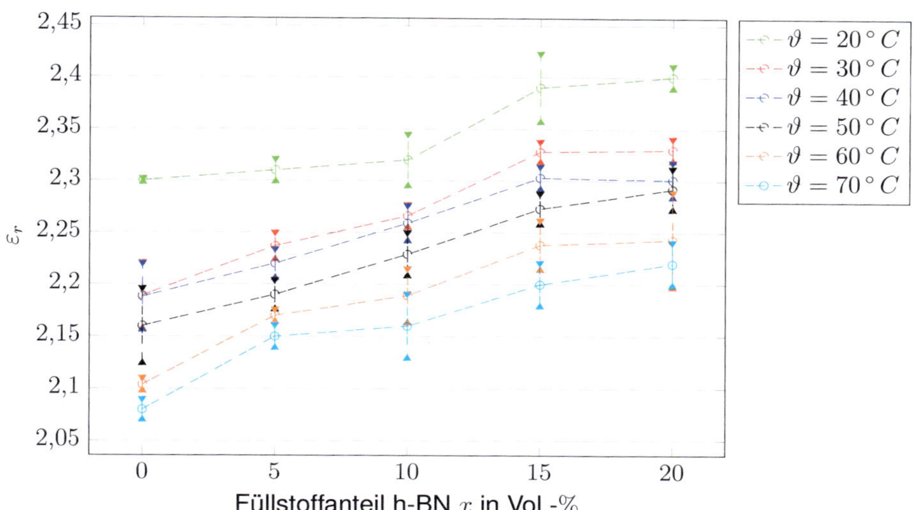

Bild 51: Relative Permittivität von LDPE + x Vol.-% h-BN in Abhängigkeit der Temperatur

Temperatur- und *thermische Leitfähigkeit*, ein sprunghafter Übergang zwischen 10 und 15 Vol.-% feststellen. Damit zeigt sich, dass durch die Perkolationstheorie der Wärmeleitung auch die dielektrischen Parameter beeinflusst werden. Jeder dargestellte Punkt entspricht einer Mittelwertbildung der durchgeführten Reihe aus fünf Einzelmessungen.

5.7.3 Elektrische Leitfähigkeit

Die Messung der elektrischen Leitfähigkeit κ erfolgte nach Konditionierung der einzelnen Plattenprüflinge und gemäß der Vorgehensweise in **Kapitel 2.6.2**. Dafür wurde der Polarisationsstrom $i_1(t)$ für die betriebsrelevanten elektrische Feldstärken $E \approx 8$ - $24\,kV/mm$ (Steigerung in $2\,kV$-Schritten) und Temperaturen $\vartheta \leq 90\,°C$ entlang der z-Richtung gemessen.

Die Auswertung dieser zeitlichen Verläufe (siehe **Anhang A3 – Messergebnisse**) zeigt, dass nach $t \approx 80.000\,s$ der Polarisationsstrom $i_1(t)$ nahezu abgeklungen (d.h. die Änderung von $i_1(t)$ über $t \approx 1\,h$ war kleiner als $1\,\%$) und ein stationärer Endwert I_∞ erreicht ist. Gemäß **Formel 50** ist dieser Wert für die Berechnung der elektrischen Leitfähigkeit κ notwendig. **Bild 52** zeigt die umgerechneten Werte für die elektrische Leitfähigkeit κ für LDPE sowie den Compounds mit $5, 10, 15$ und 20

Vol.-% h-BN bei den Temperaturen von 60 und $80\,^\circ C$.

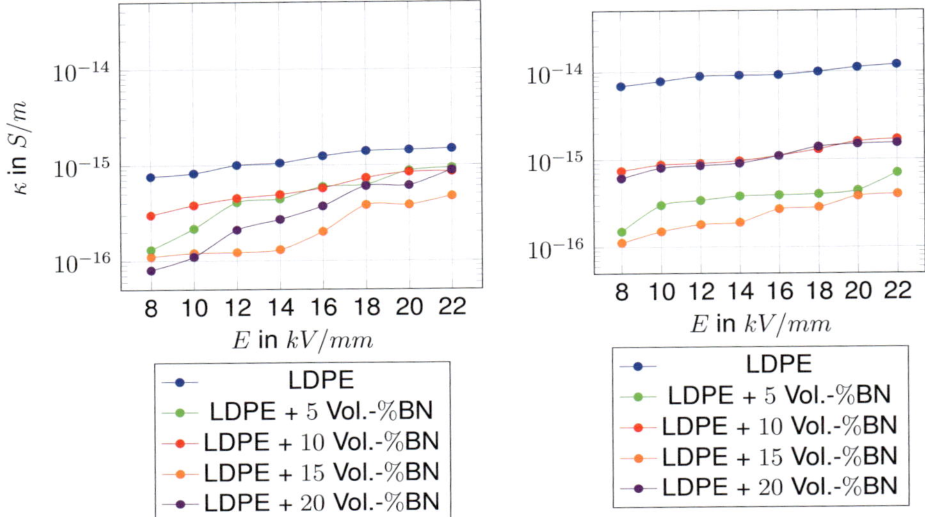

Bild 52: Elektrische Leitfähigkeit κ für LDPE, LDPE + $5, 10, 15$ und 20 Vol.-% h-BN bei $60\,^\circ C$ (links) und $80\,^\circ C$ (rechts)

Die Ergebnisse zeigen, dass die elektrische Leitfähigkeit κ aller Compounds stets kleiner ist als vom Basispolymer LDPE. Ob dieses Verhalten auf den Füllstoff und/oder das veränderte Herstellungsverfahren zwischen LDPE und den Compounds zurückzuführen ist, kann nicht endgültig geklärt werden. Eine kurze Diskussion wird dazu in der Zusammenfassung in **Kapitel 6** geführt.

Zudem zeigt sich für alle Proben einer schwacher Einfluss der elektrischen Feldstärke auf die sich einstellende elektrische Leitfähigkeit κ. Besonders für LDPE ist ein starker Temperatureinfluss auf die Werte von κ festzustellen. Weiterhin ist zwischen den einzelnen Compounds kein eindeutiger Zusammenhang zwischen dem Füllstoffanteil von h-BN und κ erkennbar. Die geringsten Werte für κ wurden für das Compound aus LDPE + 15 Vol.-% h-BN bestimmt.

Dieses Verhalten verändert sich für die Temperatur $\vartheta = 90\,^\circ C$ (siehe **Bild 53**). Für die Compounds mit 15 und 20 Vol.-% h-BN ist eine stark nichtlineare Zunahme der elektrischen Leitfähigkeit bis in die Größenordnung $\kappa \approx 10^{-13} S/m$ festzustellen. Dieser starke Anstieg ist mit einer starken Erweichung der jeweiligen Plattenprüflinge verbunden. Für das Basispolymer LDPE betragen die *Erweichungstempera-*

tur $\vartheta_E = 110\,^\circ C$ und die maximal zulässige Dauertemperatur $\vartheta_E = 80\,^\circ C$ [129]. Anhand dieser Messergebnisse kann gezeigt werden, dass zur Realisierung der isolationstechnischen Anforderungen die maximal zulässige Dauertemperatur von LDPE durch die Zumischung von hexagonalem Bornitrid nicht über $80\,^\circ C$ erhöht werden kann.

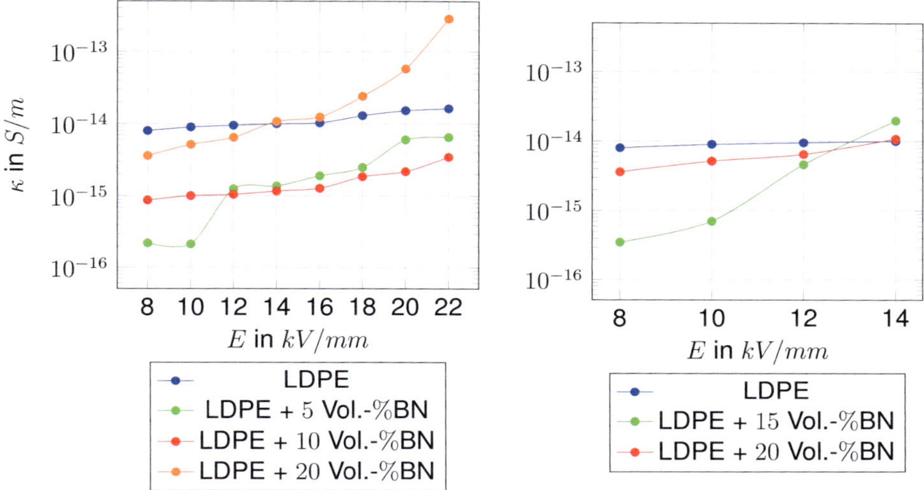

Bild 53: Elektrische Leitfähigkeit κ für LDPE, LDPE + $5, 10$ und 20 Vol.-% h-BN bei $90\,^\circ C$

5.7.4 Raumladungsdichteverteilung

Aufgrund der geringsten elektrischen Leitfähigkeit für das Compound LDPE + 15 Vol.-% h-BN besteht die Hypothese, dass sich die Ladungsträger nicht an den Leitungsvorgängen beteiligen, sondern als ortsfeste Raumladungen im Isolierstoff akkumulieren. Deshalb wurde analog zu **Kapitel 3.1** exemplarisch die Raumladungsdichteverteilung mittels PEA-Verfahren in diesem Compound über einen Zeitraum von $24\,h$ bei einer anliegenden Gleichspannung von $-15\,kV$ und Umgebungstemperatur von $\vartheta = 20^\circ C$ messtechnisch bestimmt. Zur besseren Vergleichbarkeit zeigt **Bild 54** die Raumladungsdichteverteilungen $\varrho(r)$ für LDPE und LDPE + 15 Vol.-% h-BN mit einer Dicke von $d \approx 1\,mm$.

Die Messergebnisse bestätigen die oben aufgestellte Hypothese unter den Messbedingungen nicht. Aufgrund der gleichen Prüfspannung zeigen sich zwar in beiden Materialien über einen Zeitraum von $24\,h$ annährend gleich große Amplituden

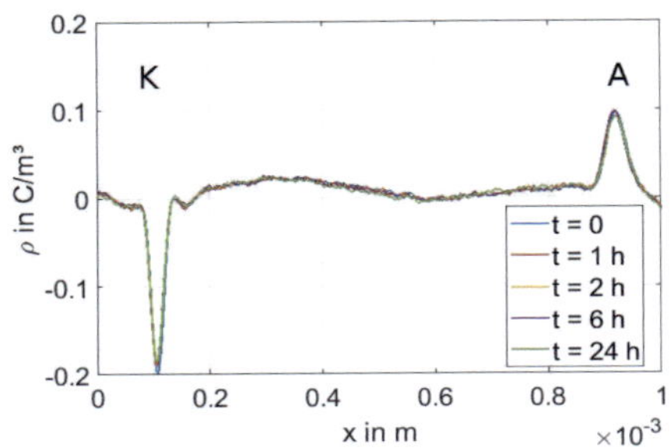

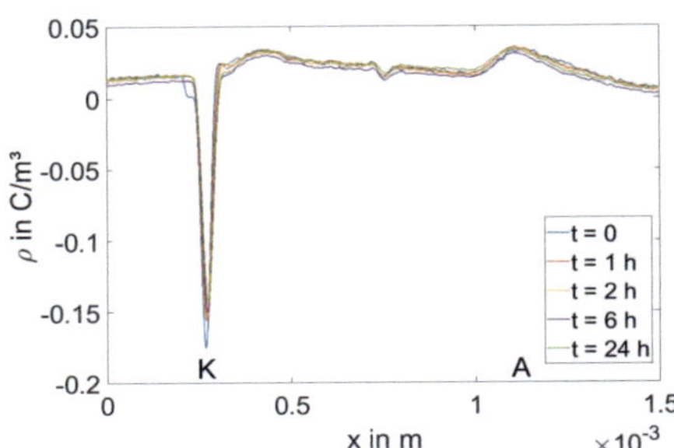

Bild 54: Gemessene Raumladungsdichteverteilung in LDPE (links) und LDPE + 15 Vol.-$\%$ h-BN mit $d \approx 1\,mm$ in homogener Isolierstoffanordnung nach PEA-Verfahren bei $U = -15\,kV$ und $\vartheta = 20°\,C$ (A - Anode, K - Katode)

an der Katode, jedoch kann keine signifikante Raumladungsakkumulation im Inneren der Isolierstoffe festgestellt werden. In der rechten Darstellung ist der stark abgeschwächte Impuls an der Anode auf eine Dämpfung des Signals im Compound zurückzuführen. Diese Dämpfung ist vermutlich auf die Füllstoffverteilung im Compound zurückzuführen.

Für die Bewertung des Compounds LDPE + 15 Vol.-$\%$ h-BN als möglicher Isolierstoff für HGÜ-Anwendungen ist die unter den Messbedingungen nicht signifikant nachweisbare Raumladungsakkumulation als positiv zu betrachten.

5.7.5 Elektrische Durchschlagsspannung

Die Messung der Durchschlagsspannung U_d (bzw. der -feldstärke E_d) von Feststoffen hängt von vielen Randbedingungen ab, wie z.B.

- Elektrodenform und -durchmesser
- Umgebungs- / Einbettungsmedium
- Spannungssteigerungsgeschwindigkeit du/dt
- Konditionierung des Prüflings.

Daher sind messtechnisch bestimmte Werte für die Durchschlagsfestigkeit keine „Materialeigenschaften", sondern Vergleichswerte unter exakt gleichen Prüfbedingungen [130] (S. 396-397).

Nach DIN VDE 0303-21 [131] können Feststoffe in Form von Platten (mit einer Dicke von $d \approx 1\,mm$) oder Folien zwischen kugel- oder scheibenförmigen Elektroden geprüft werden. Zur Vermeidung bzw. Reduzierung von Oberflächenentladungen entlang der Grenzfläche des Feststoffes befindet sich der Prüfkörper häufig in Öl (getrocknetes Transformatoröl) oder wird in ein Medium mit hoher elektrischer Festigkeit und feldverdrängender Wirkung (z.B. hohe relative Permittivität) eingebettet [130] (S. 397-398).

Die Messungen wurden an plattenförmigen Prüfkörpern mit einer Abmessung von $80\,x\,80\,mm$ sowie einer Dicke von $d \approx 0,7\,mm$, bedingt durch die hohe dielektrische Festigkeit unter Gleichspannungsbeanspruchung, durchgeführt. Eine Kugel-Kugel-Anordnung mit einem Kugeldurchmesser von $2\,cm$ diente als Elektrodenanordnung. Zur Reduzierung der Oberflächenentladungen wurde die Elektrodenanordnung mit den jeweiligen Prüfkörpern in Öl (*Shell Diala*) versetzt. Da das Öl in die Prüflinge eindringt und ggf. zur Quellung bzw. Imprägnierung der polymeren Prüflinge führen kann, wurden Kurzzeitprüfungen mit Spannungssteigerungsgeschwindigkeiten von $du/dt = 1\,kV/s$ (bei Gleichspannung) bzw. $2\,kV/s$ (bei Wechselspannung) durchgeführt. Diese unterschiedlichen Steigerungsgeschwindigkeiten sind auf die Parameter der jeweiligen Prüfanlagen zurückzuführen.

Bild 55 zeigt die Ergebnisse für die elektrische Durchschlagsgleichspannung vom Basispolymer LDPE für Temperaturen $\vartheta = 70, 80, 90$ und $100\,^{\circ}C$ mit jeweils 5 Einzelmessungen. Erwartungsgemäß nimmt die Durchschlagsgleichspannung U_d mit zunehmender Temperatur ϑ deutlich ab.

Für die Compounds aus LDPE und h-BN wurden die Durchschlagsmessungen unter Gleichspannungsbeanspruchung ebenfalls für die Temperaturen $\vartheta = 70, 80, 90$ und $100\,^{\circ}C$ durchgeführt. Die Ergebnisse zeigen, dass bis zu einer Gleichspannung von $U = 140\,kV$ und einer Temperatur von $\vartheta = 100\,^{\circ}C$ keine Durchschläge in den Prüfkörpern aller Compounds aufgetreten sind. Damit zeigt sich im Vergleich zum Basispolymer LDPE eine signifikante Zunahme der elektrischen Durchschlagsfestigkeit dieser Compounds aufgrund der Verwendung von h-BN. Zudem stehen diese Ergebnisse in sehr guter Übereinstimmung mit den Ergebnissen der elektrischen Leitfähigkeit in **Kapitel 5.7.3**.

Um dennoch einen Vergleich des Materialverhaltens zwischen LDPE und den verwendeten Compounds zu erhalten, wurden im nächsten Schritt die Durchschlags-

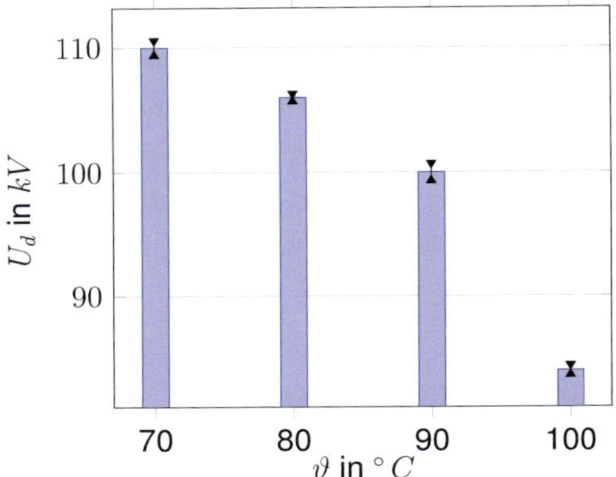

Bild 55: DC-Durchschlagsspannung von LDPE für $\vartheta = 70$ - $100^\circ C$

messungen mit anliegender Prüfwechselspannung durchgeführt. Unter der Annahme, dass sich die Durchschlagsspannung unter Wechselspannungsbeanspruchung zwischen 20 und $60^\circ C$ nicht signifikant verändert, wurden diese Messungen unter Raumtemperatur $\vartheta \approx 20^\circ C$ durchgeführt (siehe **Bild 57**). Diese Annahme wurde vorab durch eigene AC-Durchschlagsmessungen an plattenförmigen Prüfkörpern aus LDPE in den betrachteten Temperaturbereich bestätigt (siehe **Bild 56**). Die Messergebnisse der Durchschlagsspannungen wurden als Scheitelwerte $\hat{U}_d$ aufgenommen.

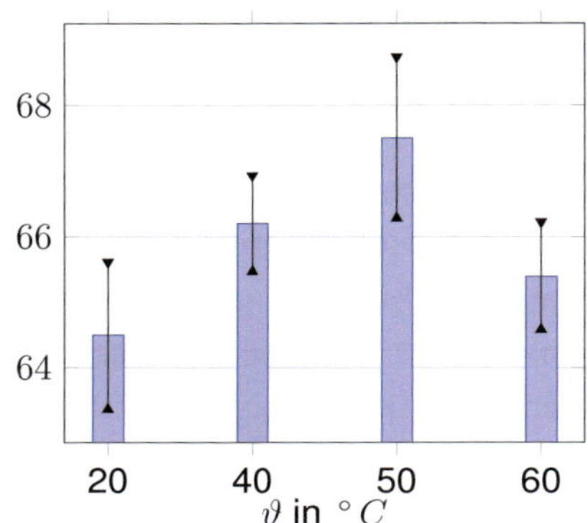

Bild 56: AC-Durchschlagsspannung $\hat{U}_d$ von LDPE, $\vartheta = 20$ - $60^\circ C$

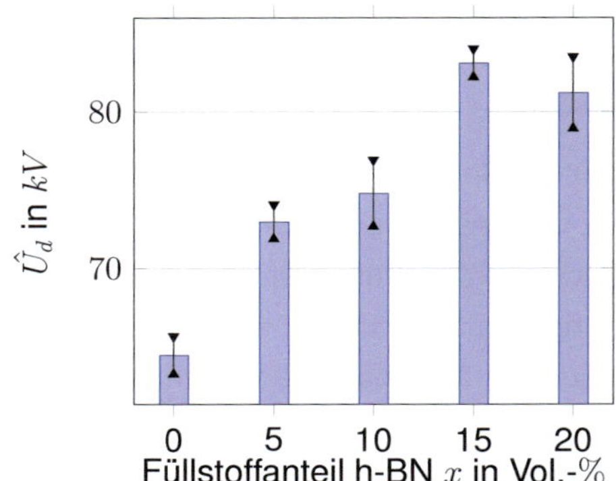

Bild 57: AC-Durchschlagsspannung $\hat{U}_d$ von LDPE + h-BN, $\vartheta = 20^\circ C$

Die Ergebnisse in **Bild 57** zeigen einen signifikanten Einfluss des Füllstoffanteils von h-BN auf die AC-Durchschlagsspannung unter Raumtemperatur. Dieser Trend korreliert sehr gut mit den gemessenen thermischen Leitfähigkeiten λ in **Kapitel 41** und elektrischen Leitfähigkeiten in **Kapitel 5.7.3**.

5.8 Fazit zur Verwendung von Compounds aus LDPE und h-BN

Im Rahmen dieser Arbeit wird der Ansatz verfolgt, die thermische Leitfähigkeit des polymeren Isolierstoffs LDPE durch die Zugabe des elektrisch-isolierenden Füllstoffs hexagonales Bornitrid (h-BN) zu verbessern. Dadurch soll die elektrische Feldstärkeverteilung im Isolierstoff eines HGÜ-Kabels optimiert werden. Um die Neuheit dieser Compounds für HGÜ-Anwendungen zu zeigen, wurde im Rahmen einer Literatur- und Patentrecherche (siehe **Kapitel 5.2** und **5.3**) der aktuelle Stand der Technik zu den derzeitig verwendbaren Füll- und Zusatzstoffen in Isolierstoffen für Gleichspannungsanwendungen dargelegt. Die Auswertung zeigt diverse Additive, organische Zusatzstoffe, anorganische Füllstoffe oder Maleinsäureanhydride, mit denen eine Verbesserung der elektrischen Durchschlagsfeldstärke und Reduzierung der Raumladungsakkumulation erreicht wird. Eine Verwendung des Compounds LDPE + h-BN wurde nicht festgestellt.

Um die Eignung dieser Compounds als mögliche Isolierstoffe für HGÜ-Anwendungen zu zeigen, wurden thermoanalytische und dielektrische Parameter messtechnisch bestimmt. Zu diesem Zweck wurden durch die Zusammenarbeit mit dem Fachgebiet Kunststofftechnik an der TU Ilmenau Plattenprüflinge aus LDPE und unterschiedlichen Füllstoffanteilen ($5, 10, 15$ und 20 Vol.-$\%$) h-BN mit einer Dicke von $1\,mm$ gefertigt. Mittels Durchlichtmikroskop und Computertomografie wurde nachgewiesen, dass sich keine Agglomerate in den Prüflingen ausgebildet haben. Bei Agglomeraten handelt es sich makroskopische Füllstoffansammlungen, welche die Materialeigenschaften der Compounds dominierend beeinflussen und deshalb zu vermeiden sind.

Die messtechnische Bestimmung der richtungsabhängigen thermischen Leitfähigkeit aller Compounds erfolgte mittels Nano-Flash-Methode. Für das Compound aus LDPE + 15 Vol.-$\%$ h-BN zeigt sich in z-Richtung (bzw. radialer Richtung bei Zylindersymmetrie) ein Optimum bei $\lambda \approx 1\text{-}1,1\,W/mK$ gegenüber $\lambda \approx 0,38\,W/mK$ für das Basispolymer LDPE. Für dieses Compound konnten auch die geringste elektrische Leitfähigkeit und die größte elektrische Durchschlagsfestigkeit festgestellt werden. Eine signifikante Raumladungsakkumulation wurde bei einer elektrischen Feldstärke von $15\,kV/mm$ unter Raumtemperatur messtechnisch nicht nachgewiesen. Zusammenfassend enthält **Bild 58** die relevanten Vorteile der im Rahmen dieser Arbeit betrachteten und hergestellten Compounds aus LDPE und hexagonalem Bornitrid im Vergleich zum ungefüllten Basispolymer LDPE.

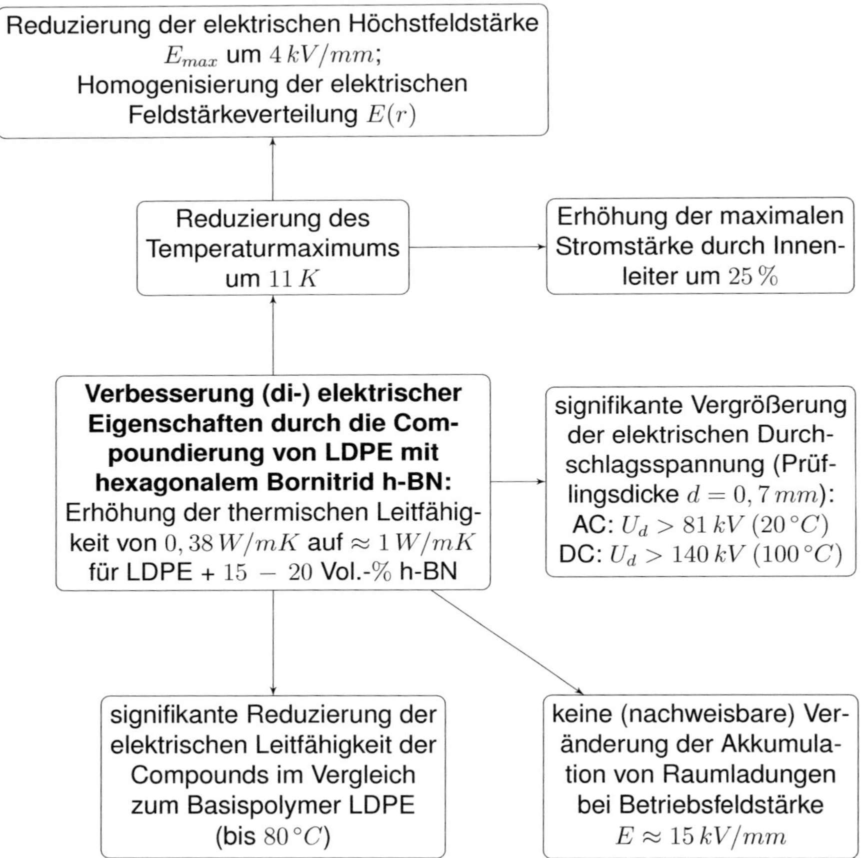

Bild 58: Verbesserung (di-) elektrischer Eigenschaften durch die Compoundierung von LDPE mit h-BN

Auf Grundlage aller erhaltenen Messergebnisse und unter Berücksichtigung der angegebenen Bedingungen sind die im Rahmen dieser Arbeit entwickelten Compounds aus LDPE und maximal 20 Vol.-% h-BN als Isolierstoffe für HGÜ-Kabel oder Gleichspannungsanwendungen geeignet. Die besten Materialeigenschaften hinsichtlich thermischer und elektrischer Leitfähigkeit sowie der Durchschlagsfestigkeit wurden für das Compound LDPE + 15 Vol.-% h-BN messtechnisch bestimmt. Aufgrund der höheren thermischen Leitfähigkeit sowie der deutlich verbesserten resultierenden Materialeigenschaften (elektrische Leitfähigkeit, Durchschlagsfestigkeit und geringe Neigung zur Raumladungsakkumulation bei Betriebsfeldstärke) ist zudem eine höhere Beanspruchung der Compounds durch Spannung und Innenleiterstrom im Vergleich zu LDPE möglich. Aus dieser Optimierung resultieren eine höhere Übertragungsleistung sowie Effizienz und Wirtschaftlichkeit für polymere HGÜ-Kabel. Jedoch sind für eine Bewertung des Alterungs- und Langzeitverhaltens weitere umfangreiche Untersuchungen notwendig, die im Rahmen der vorliegenden Arbeit nicht betrachtet wurden.

6 Zusammenfassung

Bei polymeren Kabeln zur Hochspannungsgleichstromübertragung (HGÜ) aus vernetztem Polyethylen (VPE / LDPE) führt der starke Einfluss von akkumulierten Raumladungen im Betrieb zu einer Veränderung und Erhöhung der elektrischen Feldstärkeverteilung von einer Laplace-Verteilung im Zuschaltmoment zu einer spezifischen Poisson-Verteilung im stationären Zustand. Die sich einstellende elektrische Feldstärkeverteilung unter Gleichspannungsbeanspruchung hängt wesentlich von der angelegten Spannung sowie der Erwärmung des Dielektrikums ab. Diese Feldstärkeverteilung bestimmt maßgeblich die elektrische Festigkeit der Isolierung sowie die maximal zulässige Nennspannung während des Betriebs. Für einen sicheren Betrieb sowie zur Erhöhung der maximal zulässigen Nennspannung ist eine Reduzierung dieser elektrischen Feldstärkeverteilung und/oder eine höhere maximal zulässige Beanspruchung des Isolierstoffs notwendig. Dieses Ziel kann entweder durch eine verbesserte chemische Reinheit des Isolierstoffs oder durch die gezielte Zugabe von Füllstoffen realisiert werden.

Der Ansatz der vorliegenden Arbeit richtet sich auf die Erhöhung der thermischen Leitfähigkeit des polymeren Isolierstoffs durch die Herstellung eines Compounds aus LDPE und der Zugabe des Füllstoffs hexagonales Bornitrid (h-BN). Ausgehend von dieser Zielstellung wurden fünf Forschungsfragen abgeleitet, die im Rahmen der Arbeit betrachtet und im Folgenden zusammenfassend beantwortet werden.

(1) Wie kann die elektrische Feldstärkeverteilung im gleichspannungsbeanspruchten Isolierstoff berechnet werden? Welche Parameter beeinflussen signifikant die elektrische Feldstärkeverteilung und das Feldstärkemaximum in Isolierstoffen unter Hochspannungsgleichstrombeanspruchung?

Für die numerische Berechnung der elektrischen Feldstärkeverteilung, die bisher noch nicht direkt im Isolierstoff messtechnisch bestimmt werden kann, wurde ein eigenes gekoppeltes thermisch-elektrisches Simulationsmodell in COMSOL Multphysics erstellt und in **Kapitel 4** vorgestellt. Als Grundlage dient die Geometrie eines Einleiterkabels mit einer Nennspannung von $U_n = 320\,kV$, einem Innenleiternennstrom $I_n = 1500\,A$ und einem Isolierstoff aus LDPE. Um die Beanspruchung im Nennbetrieb zu bewerten, erfolgte im ersten Schritt die Berechnung der elektrischen Feldstärke in Abhängigkeit des Innenleiterstroms $(0, 400, 800, 1200, 1500\,A)$. Diese gekoppelte Berechnung umfasst in der angegebenen Reihenfolge die Bestimmung der resultierenden Temperatur- und elektrischen Leitfähigkeitsverteilung sowie die sich einstellende Raumladungsdichteverteilung (ohne Berücksichtigung von Raumladungen an den Grenzflächen zu den Elektroden).

Deshalb wurde als Neuheit in **Kapitel 3.4** eine eigene empirische Ansatzfunktion zur analytischen Modellierung der Raumladungsdichteverteilung vorgestellt, die je nach Parametrierung sowohl Raumladungen im Inneren des Isolierstoffs als auch an den Grenzflächen zu den Elektroden berücksichtigen kann. Zwar ist keine direkte Abhängigkeit zu den Betriebs- und Materialparametern implementiert, jedoch kann (wie in **Kapitel 3** dargelegt ist) der Parameterabgleich durch ein Fittung mit realen Messkurven erfolgen. Der Vorteil liegt im einfachen Implementieren einer geschlossenen und stetigen analytischen Funktion für numerische Berechnungen.

Die Berechnungsergebnisse der numerischen Simulation zeigen bei Nennstrom I_n die maximal zulässige Erwärmung am Innenleiter mit einer Temperatur von $70\,^\circ C$ (maximal zulässige Betriebstemperatur für ein polymeres DC-Kabel). Unter diesen Bedingungen treten die für gleichspannungsbeanspruchte Isolierstoffe typischen Effekte der Feldstärkemigration und -inversion auf, d.h. die temperaturabhängige Verschiebung des Feldstärkemaximums E_{max} vom Innen- zum Außenleiter sowie die Erhöhung von E_{max} (maximal um den Faktor $1,1$ zulässig).

Das Ziel der nachfolgenden Parameteranalyse richtet sich auf die Reduzierung dieses elektrischen Feldstärkemaximums E_{max} durch Variation von geeigneten Materialparamatern bei den gleichbleibenden Betriebsparametern Spannung U_n und Strom I_n. Deshalb wurde gezielt der Einfluss der elektrischen und thermischen Leitfähigkeit des Isolierstoffs LDPE betrachtet. Die Ergebnisse zeigen, dass eine signifikante Reduzierung von E_{max} durch die Erhöhung der thermischen Leitfähigkeit des Isolierstoffs (bei angenommener unveränderter elektrischer Leitfähigkeit) erreicht wird. Beim Erhöhen der thermischen Leitfähigkeit von $\lambda = 0,38\,W/mK$ (für LDPE) auf $\lambda = 1\,W/mK$ sinkt E_{max} um $4\,kV/mm$. Gleichzeitig stellt sich dafür eine nahezu homogene elektrische Feldstärkeverteilung über den Querschnitt des Isolierstoffs ein. Eine höhere Wärmeleitfähigkeit des Isolierstoffs verbessert die Wärmeabfuhr vom Innenleiter zur Umgebung und reduziert die maximale Temperatur an der Grenzfläche Innenleiter - Isolierstoff um $11\,K$. Auf Grundlage dieser Ergebnisse wurden die Anforderungen an die herzustellenden Compounds definiert. Neben den typischen Materialeigenschaften von LDPE sollen diese Compounds besonders eine höhere thermische Leitfähigkeit von $\lambda = 1\,W/mK$ bei gleicher oder reduzierter elektrischer Leitfähigkeit aufweisen.

(2) Durch welche Füllstoffe können optimierte Compounds als mögliche Isolierstoffe für polymere HGÜ-Kabelsysteme mit den Anforderungen einer höheren thermischen Leitfähigkeit bei nahezu gleicher oder verringerter elektrischer Leitfähigkeit hergestellt?

Um im Rahmen dieser Arbeit einen optimierten polymeren Isolierstoff für HGÜ-Kabel zu entwickeln, richtet sich der Fokus auf die Herstellung von Compounds mit dem Basispolymer LDPE. Grundsätzlich lassen sich Compounds für Isolationsanwendungen durch das Mischen eines Basispolymers mit einem elektrisch isolierenden Füllstoff realisieren. Die zur Zeit typischen verwendeten Füllstoffe werden im Rahmen einer Literatur- und Patentrecherche in **Kapitel 5** dargelegt und hier nicht erneut aufgeführt. Die Recherche zeigt aber, dass sich die Verwendung des Füllstoffs hexagonales Bornitrid (h-BN) für gleichspannungsbeanspruchte Isolierstoffe als besonders innovativ heraus stellt. Deshalb wurde die Herstellung von Compounds aus LDPE und h-BN in Zusammenarbeit mit dem Fachgebiet Kunststofftechnik an der TU Ilmenau vorgenommen.

Um diese polymeren Compounds durch Messungen für den Einsatz in HGÜ-Isoliersystemen zu qualifizieren, wurden plattenförmige Probekörper mit einer Dicke von $1\,mm$ und unterschiedlichen Füllstoffanteilen von $5, 10, 15$ sowie 20 Vol.-$\%$ h-BN hergestellt. Um eine homogene Füllstoffverteilung ohne Agglomerationen von Füllstoffen in den Compounds vorauszusetzen, wurden Dünnschnitte erstellt und dessen Homogenität mittels Durchlichtmikroskop sowie Computertomographie gezeigt. Anschließende Messungen mittels Nano-Flash-Verfahren zeigen, dass mit einem Füllstoffgehalt von 15 Vol.-$\%$ h-BN eine thermische Leitfähigkeit von $\lambda = 1\,W/mK$ des Compounds erreicht wird.

(3) Wie beeinflusst die Zugabe von hexagonalen Bornitrid-Partikeln (h-BN) die elektrische Leitfähigkeit der Compounds?

Zur erfolgreichen Qualifizierung der entwickelten Compounds wurden an den Probekörpern dielektrische Parameter (elektrische Leitfähigkeit, Raumladungsdichteverteilung, elektrische Durchschlagsfestigkeit, relative Permittivität) in Abhängigkeit von der Temperatur messtechnisch bestimmt. Um die elektrische Leitfähigkeit der Compounds gegenüber dem Basispolymer LDPE für die auftretenden Betriebsbeanspruchungen bewerten zu können, wurden die Messungen für Temperaturen zwischen 50 und $90\,^\circ C$ sowie elektrische Feldstärken von 8 bis $24\,kV/mm$ (jeweils in Abstufungen von $2\,kV/mm$) durchgeführt (siehe **Kapitel 5.7.3**). Erwartungsgemäß zeigen die Ergebnisse zwar einen starken Einfluss der Temperatur, jedoch nur schwache Abhängigkeiten vom Füllstoffanteil von h-BN sowie von der elektrischen Feldstärke. Für alle betrachteten Temperaturpegel ist festzustellen, dass die scheinbare elektrische Leitfähigkeit aller Compounds stets kleiner ist als vom Basispolymer LDPE. Dabei zeigen die Ergebnisse des Compounds aus LDPE und 15 Vol.-$\%$ h-BN die geringste elektrische Leitfähigkeit. Jedoch konnte in Hinblick auf die elektrischen Leitungsvorgänge in den Compounds nicht eindeutig geklärt werden, ob die signifikante Reduzierung der elektrischen Leitfähigkeit allein auf die Füllstoffzumischung oder auch auf das unterschiedliche Herstellungsverfahren zwischen LDPE und den Compounds zurückzuführen ist.

(4) Wie beeinflusst die Zugabe des Füllstoffs h-BN die elektrische Durchschlagsfestigkeit und die Akkumulation von Raumladungen in den Compounds im Vergleich zu ungefülltem LDPE?

Die messtechnische Bestimmung der elektrischen Durchschlagsgleichspannung an den plattenförmigen Prüflingen erfolgte in Anlehnung an DIN VDE 0303-21 [31] zwischen zwei Kugelelektroden und unter Öl. Die Messungen wurden für Temperaturen zwischen $70\,^\circ C$ und $100\,^\circ C$ vorgenommen (siehe **Kapitel 5.7.5**). Die Ergebnisse zeigen für LDPE eine erwartete Abnahme der Durchschlagsspannung von $110\,kV$ bei $70\,^\circ C$ auf $\approx 85\,kV$ bei $100\,^\circ C$. Jedoch konnte dieser Trend für die Compounds nicht messtechnisch nachgewiesen werden, da sie bis $100\,^\circ C$ der angelegten Prüfgleichspannung von $140\,kV$ im Spannungssteigerungsverfahren (mit einer Steigerungsgeschwindigkeit von $2\,kV/s$) standhielten. Eine höhere Prüfspannung konnte aufgrund der Geometrie der Prüfanordung nicht angelegt werden. Damit zeigt sich in Analogie zu den Messergebnissen der elektrischen Leitfähigkeit eine signifikant verbesserte Durchschlagsfestigkeit aller Compounds gegenüber dem Basispolymer LDPE.

Um dennoch eine qualitative Aussage über die Steigerung der elektrischen Durchschlagsfestigkeit der Compounds gegenüber LDPE zu erhalten, wurden daraufhin Messungen mit anliegender Prüfwechselspannung durchgeführt. In Abhängigkeit des Füllstoffanteils von h-BN wurde eine signifikante Steigerung der Durchschlagsspannung um bis zu $25\,\%$ festgestellt. Zudem lässt sich feststellen, dass die gemessenen Werte der elektrischen Leitfähigkeit, Durchschlagsspannung (Wechselspannung) und der thermischen Leitfähigkeit von den unterschiedlichen Compounds eine Korrelation untereinander aufweisen.

Um die Akkumulation von Raumladungen unter der betriebsrelevanten elektrischen Feldstärke von $15\,kV/mm$ zu bewerten, wurden Messungen mittels gepulsten elektro-akustischen Verfahrens (PEA) an Probekörpern aus LDPE und dem Compound aus LDPE + 15 Vol.-$\%$ h-BN bei $20\,^{\circ}C$ durchgeführt (siehe **Kapitel 3.1** und **5.7.4**). Diese Messungen erfolgten in Zusammenarbeit mit dem Institut für Energie- und Hochspannungstechnik an der Fachhochschule Würzburg-Schweinfurt (FHWS). Über einer Zeitdauer von $24\,h$ ist zwar unter diesen Bedingungen für beide Materialien eine sehr schwache Veränderung der Ladungsamplituden an den Elektroden festzustellen, jedoch sind im Inneren der Isolierstoffe keine messtechnisch signifikant nachweisbaren Raumladungsdichten aufgetreten. Deshalb kann für diese Bedingungen zwar eine schwache Ausbildung von Raumladungen an den Grenzflächen zwischen Isolierstoff und Elektroden gezeigt, jedoch eine relevante Akkumulation im Inneren dieser Polymere vernachlässigt werden.

(5) Wie können die elektrischen Leitungsvorgänge im Basispolymer LDPE und in den Compounds unter Hochspannungsgleichstrombeanspruchung dargelegt werden?

Zur Beantwortung dieser Frage wurden in **Kapitel 2** die physikalischen Grundlagen sowie die Leitungsvorgänge für die relevanten elektrischen Betriebsfeldstärken $E \approx 8$ - $24\,kV/mm$ im Rahmen einer Literaturrecherche betrachtet. Es zeigt sich, dass aufgrund des teilkristallinen Aufbaus und der resultierenden Fernordnung in Polymeren bzw. LDPE das erweiterte Bändermodell nach Bauser bevorzugt als Grundlage zur Beschreibung der Haftstellenleitung in der Festkörperelektronik verwendet wird. Haftstellen sind energetisch flache oder tiefe Zustände, die sich in der verbotenen Zone zwischen Valenz- und Leitungsniveaus befinden und auf den strukturellen Aufbau der Polymere, Vernetzungsrückstände sowie Fremdstoffe (Ionen) zurückzuführen sind. Eine Analyse zeigt, dass energetisch flache Haftstellen durch Vernetzungsrückstände, Vinylgruppen und amorphe Bereiche in Polymeren entstehen. Durch eine Kombination aus thermischer Anregung und Tunneleffekt werden bei den vorherrschenden elektrischen Feldstärken bis $\approx 25\,kV/mm$ überwiegend Elektronen aus energetisch flachen Haftstellen in die Leitungsniveaus aktiviert. Diese Elektronen wirken so an den Leitungsvorgängen mit und beeinflussen maßgeblich die elektrische Leitfähigkeit. Um die Aktivierung solcher Elektronen zu vermindern, sind solche stofflichen Verunreinigungen bzw. Rückstände in Polymeren für den Einsatz in HGÜ-Isoliersystemen fertigungstechnisch auf ein Minimum zu reduzieren.

Die dargestellten Erkenntnisse sind grundsätzlich auf die hergestellten Compounds aus LDPE und h-BN übertragbar. Auf Grundlage der erhaltenen Messergebnisse der scheinbaren elektrischen Leitfähigkeit und Duchschlagsfestigkeit wird die Vermutung aufgestellt, dass die veränderten Leitungsvorgänge auf die Füllstoffzumischung zurückzuführen sind. Durch die Füllstoffe sowie die entstehenden Korngrenzen zwischen Füllstoff und Basispolymer könnten zusätzliche Energieniveaus (tiefe Haftstellen als Akzeptorniveaus) in der verbotenen Zone entstehen, welche durch Elektronen besetzt werden. Da die vorherrschende thermische und elektrische Energie nicht ausreicht, können diese Elektronen den Potentialwall nicht überwinden, sodass diese für Leitungsvorgänge nicht zur Verfügung stehen.

Durch diese Hypothese könnte die signifikante Reduzierung der scheinbaren elektrischen Leitfähigkeit sowie die starke Steigerung der Durchschlagsfestigkeit der Compounds gegenüber LDPE unter DC-Beanspruchung ohne Widerspruch begründet werden. Jedoch besteht nach der klassischen Vorstellung die Annahme, dass die in den Haftstellen verweilenden Elektronen ortsfeste Raumladungen hervorrufen. Diese Annahme konnte jedoch durch die Messungen der Raumladungsdichteverteilung mittels PEA-Verfahren nicht bestätigt werden.

Da jedoch elektrische Isolierwerkstoffe einer erheblichen Nutzungsdauer mit entsprechenden Beanspruchungen ausgesetzt sind, sind Lebensdaueruntersuchungen (auch kombinierte thermisch-elektrische) zur Abschätzung der Lebensdauer unbedingt notwendig.

Literatur

[1] K. Heuck, K. Dettmann: „Elektrische Energieversorgung - Erzeugung, Übertragung und Verteilung elektrischer Energie für Studium und Praxis", 8., überarbeitete und aktualisierte Auflage, Vieweg + Teubner Verlag, Springer Fachmedien Wiesbaden GmbH, 2010

[2] K. Fuchs, A. Novitskiy, F. Berger und D. Westermann: „Hochspannungsgleichstromübertragung – Eigenschaften des Übertragungsmediums Freileitung", Ilmenauer Beiträge zur elektrischen Energiesystem-, Geräte- und Anlagentechnik, Universitätsverlag Ilmenau, 2014

[3] M. J. P. Jeroense, P. H. F. Morshuis: " Electric Fields in Paper-Insulated Cables", IEEE Transactions on Dielectrics and Electrical Insulation, Vol. 5, No. 2, April 1999

[4] Südkabel: „Allgemeine Beschreibung zu Design und Herstellung von VPE-Kabeln 72,5 - 550 kV", Mannheim, 2013

[5] Decoeur: "The undergrounded HVDC interconnection line between France and Spain Baixas – Santa Llogaiay", Jicable-HVDC 2013, Perpignan, France, 18. -20. Nov. 2013

[6] D. Wald: „Isolationsmaterial und halbleitende Schichten für HVDC-Kabel", 6. RCC-Fachtagung "Werkstoffe zur Anwendung in der elektrischen Energietechnik unter den besonderen Anforderungen der Hochspannungs-Gleichstrom-Übertragung HGÜ, 20.-21.05.2015, Berlin

[7] X. Huang, P. Jiang, T. Tanaka: " A review of dielectric polymer composites with high thermal conductivity", Electrical Insulation Magazine (IEEE), 2010

[8] I. A. Tsekmes, R. Kochetev, P. H. F. Morshius, J. J. Smit: "Thermal conductivity of polymeric composites: A review", IEEE International Conference on Solid Dielectrics (ICSD), 2013

[9] Gustafsson, Saltzer, Farkas, Ghorbani, Quist, Jeroense: "The new 525 kV extruded HVDC cable system", ABB Grid Systems, Technical Paper, August 2014

[10] Prysmian Group: "Prysmian reaches technology milestone in power transmission", Milan, 2015, URL: https://www.prysmiangroup.com/en/en_2015-power-transmission.html (Aufruf am 19.02.2018)

[11] Deutsche Energie-Agentur (dena): „dena-Netzstudie II - Integration erneuerbarer Energien in die deutsche Stromversorgung im Zeitraum 2015 - 2020 mit Ausblick 2025", URL: www.dena.de, Berlin, November 2010

[12] Deutsche Energie-Agentur (dena): „Übersicht Stromübertragungstechnologien auf Höchstspannungsebene", URL: www.dena.de, 19.06.2012

[13] T. Benz: „Hochspannungsgleichstromübertragung - Autobahnen für den Ferntransport von Elektrizität", ABB AG, AKE in der DPG, 22.10.2009

[14] Cross Sound Cable Interconnector - Connecticut and Long Island, USA, URL: https://library.e.abb.com/public/4664a655cb2a707fc1256f4100471f03/PT_Cross_SoundCable.pdf.Version:2003 (aufgerufen am 9.12.2015)

[15] U. Wijk, J. Lindgren, J. Winther, S. Nyberg: "DolWin1 - Further Achievments in HVDC Offshore Connections", EWEA Offshore Conference, 2013

[16] J. Egan, P. O'Rourke, R. Sellick, P. Tomlinson, B. Johnson, S. Svensson: "Overview of the 500 MW Eir Grid East-West Interconnector, considering System Design and execution-phase issues", Power Engineering Conference (UPEC), 2013, 48th International Universities, 2013, S. 1-6

[17] Baltic Cable: "http://www.balticcable.com/technicalindex.html"(Aufruf am 9.06.2014)

[18] NordBalt HVDC Light connection strengthens the integration of Baltic energy markets with northern Europe, ABB, URL: http://new.abb.com/systems/hvdc/references/nordbalt (aufgerufen am 21.02.2018)

[19] Skagerrak - An excellent example of the benefits that can be achieved through interconnection, ABB, URL: http://new.abb.com/systems/hvdc/references/skagerrak (aufgerufen am 21.02.2018)

[20] Caithness Moray HVDC Link - Building for the future with opportunity to integrate renewable power generation and reinforcing the existing grid, ABB, URL: http://new.abb.com/systems/hvdc/references/caithness-moray-hvdc-link (aufgerufen am 21.02.2018)

[21] DolWin2 - 916-Megawatt-Verbindung für den Anschluss von drei Offshore-Windparks, Tennet, URL: https://www.tennet.eu/de/unser-netz/offshore-projekte-deutschland/dolwin2/ (aufgerufen am 21.02.2018)

[22] Maritime Link - HVDC Light contributes to Canada's emission-reduction efforts when additional renewables are integrated, ABB, URL: http://new.abb.com/ca/maritime-link (aufgerufen am 21.02.2018)

[23] U. Rengel: „Messung des Raumladungsverhaltens in Polyethylen beim Einsatz als Isolierstoff in Hochspannungskabeln", Dissertation ETH Zürich, 22.01.1996

[24] Bundesministerium für Wirtschaft und Energie (BMWi): „Weichen für zügigeren Ausbau gestellt", Pressemitteilung, 20.10.2015

[25] Philipp Möller: „Drei neue Stromautobahnen für Deutschland", Stern.de, 26.11.2012

[26] R. Görner: „Technologien für Gleichstrom-Overlay-Netze", 2011

[27] U. Peters: "Trends in DC-cables", Südkabel, Workshop OVANET, 19.11.2014, Berlin

[28] T. Worzyk: „Submarine Power Cables. Design, Installation, Repair, Environmental Aspects", Berlin, Heidelberg: Springer, 2009

[29] E. Peschke, R. von Olshausen: „Kabelanlagen für Hoch- und Höchstspannung - Entwicklung, Herstellung, Prüfung, Montage und Betrieb von Kabeln und deren Garnituren", Publicis MCD-Verlag, Erlangen, 1998

[30] A. Smedberg, B. Gustafsson, T. Hjertberg: „What is cross-linked polyethylene?", IEEE International Conference on Solid Dielectrics, Toulouse, 2004, S. 415 - 418

[31] M. Reuter: „Untersuchungen zur Zustandsbewertung von in Hochspannungskabeln eingesetzten Isolierungen aus vernetztem Polyethylen", Dissertation Gottfried Wilhelm Leibniz Universität Hannover, 2008

[32] T. William: „Electrical Power Cable Engineering", Boca Raton, U.S.: CRC Press, Taylor and Francis, 2012

[33] Troester GmbH and Co. KG: „Sheating Lines for MV/HV cable", 2014

[34] Y. Tanaka et al.: "Effects of additives on space charge formation in polyethylene", IEE 6th International Conference on Dielectric Materials, Measurement and Applications, S. 135 - 137, 7-10 Sept.1992

[35] M. Severengiz, G. Seliger: „VPE-Kabel", Workshop OVANET, 19.11.2014, Berlin

[36] H. Fröhlich: "On the theory of dielectric breakdown in solids", Proc. R. Soc. London A 188, S. 521 - 532, 1947

[37] M. Beyer et al.: „Hochspannungstechnik - Theoretische und praktische Grundlagen für die Anwendung", Springer-Verlag Berlin Heidelberg, 1986

[38] K. Kao: "Dielectric phenomena in solids: with emphasis on physical concepts of electronic processes", Elsevier Academic Press, Amsterdam, 2004

[39] H. Bauser: „Ladungsspeicherung in Elektronenhaftstellen in organischen Isolatoren", Kunststoffe 62, S. 192 - 196, 1972

[40] D. A. Seanor: "Electrical Properties of Polymers", Academic Press, London New York, 1982

[41] S. Pöhler: "Watertreeing in beschichteten VPE-Isoliercompounds", Dissertation an der Fakultät für Maschinenwesen der Universität Hannover, 1989

[42] T. Tanaka: "Optical Absorbtion and Electrical Conduction in Polyethylene", Journal of Applied Physics 44, S. 2430 - 2432, 1973

[43] L. A. Dissado, J. C. Fothergill: "Electrical Degradation and Breakdown in Polymers", Redwood Press, Wiltshire, 1992

[44] J. Kraus: „Raumladungen", RCC-Fachtagung "Werkstoffe zur Anwendung in der elektrischen Energietechnik unter den besonderen Anforderungen der Hochspannungs-Gleichstrom-Übertragung", S. 113 - 126, 20. - 21. Mai 2015, Berlin

[45] R. Neubert: „Raumladungsphänomene und Teilentladungseinsatz in polymeren Isolierstoffen", Dissertation an der Fakultät für Elektrotechnik, RWTH Aachen, 1993

[46] R. v. Olshausen, G. Sachs: "AC loss and DC conduction mechanisms in polyethylene under high electric fields", IEEE Proc., Part A, 128, S. 183 - 192, 1981

[47] U. A. Lampert, P. Mark: "Current injection in soldis", Academic Press, London, 1970

[48] R. von Olshausen: „Durchschlagsprozesse in Hochpolymeren und ihr Zusammenhang mit den Leitungsmechanismen bei hohen Feldstärken", Habil.-Schrift Univ. Hannover, 1979

[49] P. Morin, C. Alquié, J. Lewiner: "Study of the electrode-insulator interface by simuntanous measurement of external current and space charge distributions", JICABLE 95, S. 189 - 194, Paris Versailles, 29.06.1995

[50] C. Laurent, G. Teyssedre et al.: "Knowledge-based modelling of charge transport in insulating polymers: From experiments to model optimization", 9th International Conference on Properties and Applications of Dielectric Materials, S. 1-8, 2009

[51] F. Boufayed, S. Leroy et al.: "Simulation of bipolar charge transport in polyethylene featuring trapping and hopping conduction through an exponential distribution of traps", International Symposium on Electrical Insulating Materials, Bd. 2, S. 340 - 343, 2005

[52] R. Pietsch: „Untersuchungen zur Bedeutung der Elektrolumineszenz für die dielektrische Alterung von Polyethylen", Dissertation Fakultät für Elektrotechnik der RWTH Aachen, 1992

[53] M. Steingräber: „Der Einfluss von Feuchte auf das Leitungsverhalten von watertree-retardierenden VPE-Compounds", Dissertation Universität Hannover, 1992

[54] R. Patsch: „Untersuchungen zum Leitungsverhalten technischen Polyethylens bei hohen elektrischen Feldstärken (> 30 kV)", Dissertation Gesamthochschule Kassel, 1980

[55] G. Blaise: "Charge Localization and Transport in Disorderd Dielectric Materials", Elsevier Journal of Electrostatics, Vol. 50, S. 69-89, 2001

[56] G. Mazzanti, M. Marzinotto: "Extruded Cables for High-Voltage Direct-Current Transmission", WILEY/IEEE Press, Piscataway, 2013

[57] A. Küchler: „Ausbildung und Steuerung elektrischer Felder bei Gleichspannungsbeanspruchung", 6. RCC-Fachtagung "Werkstoffe zur Anwendung in der elektrischen Energietechnik unter den besonderen Anforderungen der Hochspannungs-Gleichstrom-Übertragung HGÜ, 20.-21.05.2015, Berlin

[58] E. Philippow: „Taschenbuch Elektrotechnik - Band 1: Allgemeine Grundlagen", 3. stark bearbeitete Auflage, VEB Verlag Technik, Berlin, 1986

[59] W. Schufft: „Taschenbuch der Elektrischen Energietechnik", Fachbuchverlag Leipzig im Carl Hanser Verlag, 2007

[60] J. Stammen: „Numerische Berechnung elektromagnetischer und thermischer Felder in Hochspannungskabelanlagen", Dissertation Gerhard-Mercator-Universität-Gesamthochschule Duisburg, Shaker Verlag, 2001

[61] L. Graber: „Modellbasierte Bestimmung der SF_6-Verlustrate in Gasisolierten Schaltanlagen", Dissertation ETH Zürich, 2009

[62] H. Böhme: „Mittelspannungstechnik - Schaltanlagen berechnen und entwerfen", Huss-Medien GmbH, 2. Auflage, 2005

[63] A. Küchler, F. Hüllmandel, Ch. Krause, N. Koch: „Transiente Belastungen durch Grenzflächen- und Materialpolarisation in HGÜ-Transformatoren", VDE/ETG-Fachtagung "Grenzflächen in elektrischen Isoliersystemen", Hanau, 2005

[64] M. Liebschner: „Interaktion von Ölspalten und fester Isolation in HVDC-Barrieresystemen", Dissertation TU Ilmenau, VDI-Verlag GmbH Düsseldorf, 2009

[65] DIN EN 62631-3-1 (VDE 0307-3-1):2017-01: „Dielektrische und resistive Eigenschaften fester Isolierstoffe - Teil 3-1: Bestimmung resistiver Eigenschaften (Gleichspannungsverfahren) - Durchgangswiderstand und spezifischer Durchgangswiderstand - Basisverfahren (IEC 62631-3-1:2016); Deutsche Fassung EN 62631-3-1:2016", (Ersatz für DIN IEC 60093 (VDE 0303-30):1993-12), VDE-Verlag, Januar 2017

[66] F. Schober: „Elektrische Leitfähigkeit und dielektrisches Verhalten von Pressspan in HGÜ-Isoliersystemen", Dissertation TU Ilmenau, Ilmenauer Beiträge zur Energiesystem-, Geräte- und Anlagentechnik (IBEGA), Universitätsverlag Ilmenau, 2016

[67] F. H. Buller: "Calculation of Electrical Stresses in DC Cable Insulation", IEEE Transactions on Power Apparatus and Systems, Vol. PAS-86, NO. 10, Oktober 1967

[68] A. Kumar, M. M. Perlman: “Steady-state conduction in high density polyethylene with field-dependent mobility”, Jour. App. Phys., Vol. 71, No. 2, pp. 735 – 738, 1992.

[69] W. Choo, G. Chen: “Electric Field Determination in DC Polymer Power Cable in the Presence of Space Charge and Temperature Gradient unter DC conditions", International Conference on Condition Monitoring and Diagnosis, Peking, China, April 21-24, 2008

[70] R. Bodega: “Space Charge Accumulation in Polymeric High Voltage DC Cable Systems", Dissertation Technische Universiteit Delft, ISBN 90-8559-228-3, 2006

[71] T. Tanaka, A. Greenwood: “Advanced Power Cable Technology", Vol. 1, Basic Concepts and Testing, CRC Press, Ing., Boca Raton, Florida, 1983

[72] B. Aladenize, R. Coelho, J.C. Assier, H. Janah, P. Mirebeau: Paper B 7.8, pp. 557-560, 5th International Conference on Insulated Power Cables (Jicable ’99), Versailles, June 20-24, 1999

[73] V. Gnielinski, S. Kabelac, M. Kind, H. Martin, D. Mewes, K. Schaber, et al: „VDI-Wärmeatlas", 10., bearbeitete und erweiterte Ausgabe, Verein Deutscher Ingenieure, Springer-Verlag Berlin, Heidelberg, 2006

[74] K. Fuchs, W. Büntig, H. Töpfer, F. Berger: „Modellierung des Einflusses von Raumladungen auf die elektrische Feldstärke in VPE-Kabeln unter Hochspannungsgleichstrombeanspruchung", 6. RCC-Fachtagung „Werkstoffe zur Anwendung in der EET unter den besonderen Anforderungen der HGÜ", 20.-21.05.2015, Berlin

[75] T. Takada, J. Holboell, A. Toureille, J. Densley, N. Hampton, J. Castellon, R. Hegersberg, M. Henriksen, G.C. Montanari, M. Nagao, P. Morshius: “Guide for Space Charge Measurements in Dielectrics and Insulating Materials", Technical Brochure, Electra, No. 223, 2005

[76] D. Wald: „Einfluss der verschiedenen Eigenschaften von XLPE auf die Qualität von extrudierten AC- und DC-Kabeln", EW-Fachtagung „Werkstatt Kabel - Kabel- und Kabelmesstechnik", 12.-13.11.2014, Dresden

[77] C. Heinle: „Simulationsgestützte Entwicklung von Bauteilen aus wärmeleitenden Kunststoffen", Dissertation an der Technischen Fakultät der Universität

Erlangen-Nürnberg, Lehrstuhl für Kunststofftechnik, Erlangen, 2012, ISBN: 978-3-931864-55-2

[78] „Produktdaten: Material Properties Standard 2000“; Fa. Technische Keramik Frömgen GmbH. URL: http://www.tkf-froemgen.de (abgerufen am 20.04.2011)

[79] Werkstoffdaten, Ceramtec AG; URL:http://www.ceramtec.com/downloads/ ma_materials~data.pdf (abgerufen am 08.07.2011)

[80] Werkstoffdaten Informationszentrum Technische Keramik; Verband der Keramischen Industrie e.V. (VKI); URL: http://www.keramik-rs.de/ksuche/k_frame.asp ?h=600&w=850

[81] Damasch, R.: „Bornitrid als multifunktioneller Füllstoff in Polymersystemen“; ESK Ceramics GmbH&Co.KG, Kempten; URL: http://www.keramverband.de/keramik/~pdf/07/sem07-13.pdf (abgerufen am 20.04.2011)

[82] E. Sichel; R. Miller; M. Abrahams; C. Buiocchi: „Heat Capacity and Thermal Conductivity of Hexagonal Pyrolytic Boron Nitride“; Phys. Rev. B, 13 [10] 4607-11 (1976)

[83] W. Kollenberg: „Technische Keramik“; Vulkan-Verlag GmbH, Essen 2004

[84] Technische Info – Werkstoffdaten; Deutsches Kupferinstitut; URL: http://www.kupfer-institut.de/front_ ~frame/index.php (abgerufen am 20.04.2011)

[85] „Produktdatenblatt EN AW-1050A, ENAW-Al99,5“, URL: http://www.alu-mediaportal.de/medien/anhaenge/~k1_m642.pdf?administration=ap7fn4nnf 843j51e4qkt879jj7 (abgerufen am 20.04.2011)

[86] „Produktinformation zu Graphit und Ecophit“; Fa. SGL Carbon Group GmbH; URL: http://www.sglgroup.com~/export/sites/sglcarbon/_common/downloads/ products/ ~product-groups/eg/construction-materialsecophit/~ECOPHIT_ PCM-Flyer_d.pdf; (abgerufen am 18.04.2011)

[87] W. Übler: „Erhöhung der thermischen Leitfähigkeit elektrisch isolierender Polymerwerkstoffe”; Dissertation Universität Erlangen-Nürnberg, 2002

[88] R. F. Hill; P. H. Supancic: „Thermal Conductivity of Platelet-Filled Polymer Composites”; J. Am. Ceram. Soc. 85 [4] 851-57 (2002)

[89] K. Fuchs, M. Bruchmüller u.a.: „Einfluss des Füllstoffanteils von Bornitrid auf das dielektrische Verhalten von polymeren HGÜ-Isolierstoffen", VDE-Fachtagung Hochspannungstechnik 2016, November 2016, Berlin

[90] Henze Boron Nitride Products: „Datenblatt HeBoFill (R) 641 Bornitrid-Pulver", URL: https://www.henze-bnp.de/PDF/HeBoFill_Bornitrid_641_PD_D.pdf, (abgerufen am 24.08.2017)

[91] R. Damasch: „Bornitrid als multifunktioneller Füllstoff in Polymersystemen“; ESK Ceramics GmbH&Co.KG, Kempten; URL: http://www.keramverband.de/keramik/~pdf/07/sem07-13.pdf (abgerufen am 20.04.2011)

[92] „Technical Data Sheet - Lupolen 1800S", Lyondellbasell, URL: https://productsafety.lyondellbasell.com/ByProductID/8fc89edc-6730-40dd-b961-00893ba2a284 (abgerufen am 24.08.2017)

[93] K. Kohlgrüber: „Der gleichläufige Doppelschneckenextruder: Grundlagen, Technologie, Anwendungen“; Carl Hanser Verlag, München, 2007

[94] E. Ivers-Tiffée, W. von Münch: „Werkstoffe der Elektrotechnik", 9., vollständig neu bearbeitete Auflage, B. G. Teubner Verlag / GWV Fachverlage GmbH, Wiesbaden, 2004

[95] R. Sauer: „Halbleiterphysik - Lehrbuch für Physiker und Ingenieure", Oldenbourg Wissenschaftsverlag GmbH München, 2009

[96] G. Meng et al: “Insulation Performance of Atomic Hexagonal Boron Nitride Film Under UHDC Electric Stress", Conference Proceedings of ISEIM 2017, 2017

[97] Sun et al: “Boron nitride microsphere/epoxy composites with enhanced thermal conductivity", IET Journals - The Institution of Engineering and Technology, 2017

[98] D. Goldberg, Y. Bando, Y. Huang et al: “Boron nitride nanotubes and nanosheets", ACS Nano, 2010, 4, (6), pp. 2979-2993

[99] R. Kumar, A. Parashar: “Atomistic modeling of BN nanofillers for mechanical and thermal properties: a review", Nanoscale, 2016, 8, (1), pp. 22-49

[100] N. Yang, C. Xu, J. Hou, et al: “Preparation and properties of thermally conductive polyimide/boron nitride composites", RSC Adv, 2016, 6,(22), pp. 18279-18287

[101] R. Nesper: „Vorlesungen Allgemeine und Anorganische Chemie - Experimentalvorlesung", URL: http://www.cci.ethz.ch/vorlesung/de/al2/node30.html#fig:BN (abgerufen am 21.11.2017), ETH Zürich

[102] N. Kuljaca, M. Marelli, A. Micheletti, E. Zaccone: “Cavi sottomarini per impianti di generazione off-shore - stato dell’ arte e sviluppi futuri." Atti del Convegno Nazionale AEIT 2011, Milano, Juni 27-29, 2011 (Italienisch)

[103] J. und H. Krautkrämer: „Werkstoffprüfung mit Ultraschall", Springer-Verlag, Berlin 1986

[104] V. Deutsch et al.: „Informationsschriften zur zerstörungsfreien Prüfung, Bd.1 Die Ultraschallprüfung", Castell Verlag, Wuppertal 1999

[105] D. Meschede: „Gerthsen Physik", Springer Verlag Berlin, 2003

[106] D. M. Bigg: “Thermal conductivity of heterophase polymer compositions", Adv. Polym. Sci., vol. 119, pp 1-30, 1995

[107] T. L. Hanley, R. P. Burford, R. J. Fleming, K. W. Barber: “A General Review of Polymeric Insulation for Use in HVDC cables", IEEE Insulation Magazine, Vol. 19, No. 1, Jan/Feb 2003

[108] B. Gustafsson, J. Boström, U. Nilsson, et. al: “ Asea Brown Boveri AB", International Patent WO0008655, 2000

[109] T. Tanaka, K. Terajima, Furukawa Electric Co. Ltd, Electric Power Dev. Co. Ltd., Japanese Patent JP10289619, 1998

[110] H. Nomura, Furakawa Electric Co. Ltd., Japanese Patent JP9097522, 1997

[111] X. Li, Y. Cao, Q. Du, Y. Yin, D. Tu: “Charge distribution and crystalline structure in polyethylene nucleated with sorbitol", J. Appl. Polym. Sci., vol, 82, pp 611-619, 2001

[112] P. Carstensen, Asea Brown Boveri AB, International Patent WO9940589, 1999

[113] M.S. Khalil: “On the use of doped polyethylene as an insulating material for HVDC cables", Conference Record 1996 IEEE Int. Symp. Electr. Insul., pp. 650 - 653, 1996

[114] M.S. Khalil, A. Cherifi, A. Toureille, J-P. Reboul: “Influence of $BaTiO_3$ additive and electrode material on space charge formation in polyethylene", IEEE Trans. Dielectr. Electr. Insul., vol. 7, pp. 743-746, 1996

[115] M.S. Khalil: “The role of $BaTiO_3$ in modifying the dc breakdown strength of LDPE", IEEE Trans. Dielectr. Electr. Insul., vol. 7, pp. 261 - 268, 2000

[116] M.S. Khalil, J.A. Jervase: “Development of polymeric insulating materials for HVDC cables using additives: Evidence from a multitude of experiments using different techniques", Conference Record 2000 IEEE Int. Symp. Electr. Insul., pp. 485 - 488, 2000

[117] A. Yokoyama, A. Ono, H. Miyara, Fujikura Ltd., Japanese Patent JP10269852, 1998

[118] T. Katagai, T. Yamazaki, Y. Murata, Hitachi Cable Ltd., Japanese Patent JP11086634, 1998

[119] T. Yoshizawa, H. Nomura, T. Tanaka, Furukawa Electric Co. Ltd., Japanese Patent JP10134648, 1998

[120] T. Uozumi, K. Hirotsu, Sumitomo Electric Ind. Ltd., Japanese Patent JP11224544, 1999

[121] T. Andritsch, R. Kochetov, Y. T. Gebrekiros, P. H. F. Morshius, J.J. Smit: “Short term DC breakdown strength in epoxy based BN nano- and microcomposites", ICSD 2010, 10th IEEE International Conference on Solid Dielectrics, 2010, pp. 1 - 4

[122] R. Ayoob, T. Andritsch, A.S. Vaughan, Y. Meng: “The Effect of Exfoliation on the Breakdown Strength of Polystyrene Boron Nitride Composites", Annual Report Conference on Electrical Insulation and Dielectric Phenomena, 2014, pp. 675 - 678

[123] P. Carstensen, A. Gustafsson, A. Farkas, A. Ericsson, J. Boström, B. Gustafsson, U. Nilsson, F. Campus, Asea Brown Boveria AB, International Patent WO9933069, 1999

[124] B. Lutz: „Einflussfaktoren auf die elektrische Feldverteilung in Isoliersystemen mit polymeren Isolierstoffen bei Gleichspannungsbelastung", Dissertation TU München, Januar 2011

[125] G. Teyssedre, C. Laurent: "Charge Transport Modeling in Insulating Polymers: From Molecular to Macroscopic Scale", IEEE Transactions on Dielectrics and Electrical Insulation, Vol. 12, No. 5, Oktober 2005

[126] K. Sedlmeier: "Wasseraufbereitung mit UV LEDs", Seminarvortrag SS 2008, TU Berlin, Institut Festkörperphysik, 2008

[127] M. Aganbegovic, P. Werle: „Auswirkung von Graphit in Silikon auf die elektrischen und dielektrischen Eigenschaften bei Gleichspannungsbeanspruchung", 1. Fachtagung "Polymere Isolierstoffe und ihre Grenzflächen", 17.-18.05.2018, Zittau

[128] R. Hussain, F. Küchler: „Dielektrische Eigenschaften von Silikonelastomer mit nanoskaligem Füllstoff", 1. Fachtagung „Polymere Isolierstoffe und ihre Grenzflächen", 17.-18.05.2018, Zittau

[129] Otto Kälin Formenbau, URL: „www.formteile.ch/stoffe/polyethylen.php"(abgerufen am 11.07.2018)

[130] A. Küchler: „Hochspannungstechnik - Grundlagen - Technologie - Anwendungen", 2., vollständig bearbeitete und erweiterte Auflage, Springer-Verlag Berlin Heidelberg 2005

[131] DIN EN 60243-1 (VDE 0303-21): „Elektrische Durchschlagsfestigkeit von isolierenden Werkstoffen - Prüfverfahren - Teil 1: Prüfungen bei technischen Frequenzen (IEC 60243-1:2013); Deutsche Fassung EN 60243-1:2013, VDE-Verlag, Januar 2014

[132] T. Wendel, J. Kindersberger: „Einflussfaktoren auf die Raumladungsdichteverteilung in Epoxidharzformstoff", 1. Fachtagung „Polymere Isolierstoffe und ihre Grenzflächen", 17.-18.05.2018, Zittau

[133] O. Gallot-Lavalée, G. Teysèdre, C. Laurent, S. Rowe: "Space charge behaviour in an epoxy resin: the influence of fillers, temperature and electrode material", Journal of Physics D: Applied Physics, Volume 38, Number 12, pp. 2017-2025, 3 June 2005

[134] EPRI Report No. 1008720: "DC Cable Systems with Extruded Dielectrics", Palo Alto, California, December 2004

[135] E. Gockenbach: „Prüfmethoden und Diagnoseverfahren für den Einsatz von polymeren Isolierstoffen in Kabeln für Hochspannungs-Gleichstrom-Übertragungen", 6. RCC-Fachtagung „Werkstoffe zur Anwendung in der EET unter den besonderen Anforderungen der HGÜ", 20.-21.05.2015, Berlin

[136] S. Maruyama, N. Ishii, M. Shimada, S. Kojima, H. Tanaka, et. al.: "Development of a 500-kV DC XLPE Cable System", Furukawa Review, No. 25, p. 47-52, 2004

[137] J. Hanisch: „Optimierung von Kathoden und Zwischenschichten für Polymersolarzellen", Dissertation, Karlsruher Institut für Technologie, Fakultät für Elektrotechnik und Informationstechnik, 2009

[138] N. Zhao, S. Li, X. Wang, G. Li: " Effects of LDPE/Nanofilled LDPE Interface on Space Charge Formation", IEEE International Conference on Solid Dielectrics, Bologna, Italy, June 30 - July 4, 2013

[139] K. Wu, C. Cheng: " Interface Charges between Insulating Materials", IEEE Transactions on Dielectrics and Electrical Insulation Vol. 24, No. 4; August 2017

[140] H. Suzuki, A. Nozomu, H. Miyake, Y. Tanaka: " Space Charge Accumulation and Electric Breakdown in XLPE under DC High Electric Field", Annual Report Conference on Electrical Insulation and Dielectric Phenomena, 2013

[141] P. Romano, A. Imburgia: " Effect of Acoustic Wave Reflections on Space Charge Measurements with PEA Method", 2018 IEEE 4th International Forum on Research and Technology for Society and Industry (RTSI), 10 - 13 Sept. 2018

[142] L. Lan, Q. Zhong, Y. Yin, X. Li.: " Effect of Surface Flourination on Space Charge Behavior at LDPE/EPDM Interface", IEEE International Conference on Solid Dielectrics, Bologna, Italy, June 30 - July 4, 2013

[143] J. Chahal, C. Reddy: " Space Charge Dynamics in LDPE", International Conference on Condition Assessment Techniques in Electrical Systems, 2015

[144] C. Jörgens, M. Clemens: "Modeling the Electric Field in Polymeric Insulation Including Nonlinear Effects due to Temperature and Space Charge Distributions", 2017 IEEE Conference on Electrical Insulation and Dielectric Phenomenon (CEIDP), 22 -25 October 2017

[145] C. Jörgens, M. Clemens: "Breakdown Voltage in High Voltage Direct Current Cable Insulations Considering Space Charges", 18th International Symposium on Electromagnetic Fields in Mechatronics, Electrical and Electronic Engineering (ISEF) Book of Abstracts, 2017

[146] G. Chen, Y. Tanaka, T. Takada, L. Zhong: " Effect of Polyethylene Interface on Space Charge Formation", IEEE Trans. Dielectr. Electr. Insul., vol. 11, pp. 113-121, Feb. 2004

[147] Y. Li, T. Takada, H. Miyata, T. Niwa: " Observation of charge behavior in multiply low-density polyethylene", J. App. Phys., vol. 74, pp. 2725-2730, August 1993

[148] F. Rogti, A. Mekhaldi, C. Laurent: " Space charge behavior at physical interfaces in cross-linked polyethylene under DC field", IEEE Trans. Dielectr. Electr. Insul., Vol. 15, No. 5, pp. 1478-1485, 2008

[149] F. Rogti: " Space charge dynamic at the physical interface in cross-linked polyethylene under DC field", IEEE Trans. Dielectr. Electr. Insul., Vol. 18, No. 3, pp. 888-889, 2011

[150] C. Frohne, K. Vaterrodt: "Qualification test procedures for HVDC extruded cable systems", HIGHVOLT-Kolloquium, 9.-10.05.2019, Dresden

[151] K. Backhaus, T. Gabler, T. Götz: "Fundamental aspects of the electric conductivity in insulating materials and the conclusions on diagnosis", HIGHVOLT-Kolloquium, 9.-10.05.2019, Dresden

[152] R. C. Progelhof, J. L. Throne, R. R. Ruetsch: “Methods for predicting the thermal conductivity of composite systems: A review”; Polymer Engineering and Science 16 (1976) 9, S. 615-625

[153] H. Herwig, A. Moschallski: „Wärmeübertragung: Physikalische Grundlagen - Illustrierende Beispiele - Übungsaufgaben mit Musterlösungen", 2., überarbeitete und erweiterte Auflage, Vieweg + Teubner, GWV Fachverlage GmbH, Wiesbaden 2009

[154] T. van Woudenbergh, P. W. M. Blom, M. C. J. M. Vissenberg und J. N. Huiberts, Appl. Phys. Lett. 79, 1697 (2001)

[155] J. C. Scott, J. Vac. Sci. Technol. A 21, 521 (2003), American Vacuum, Copyright 2003 Society

[156] M. A. Abkowitz, H. A. Mizes und J. S. Facci, Appl. Phys. Lett. 66, 1288 (1994)

[157] F. Wiesbrock, T. Griesser: „Leitfähige Polymere", Plus Lucis, Januar 2016

[158] I. Wirth: „Berücksichtigung dielektrischer Materialeigenschaften in der Finiten-Elemente-Simulation von HGÜ-Isoliersystemen", Dissertation TU Ilmenau / Fachhochschule Würzburg-Schweinfurt, Verteidigung im Dezember 2019

[159] MCI GmbH - Macor - Glaskeramik, URL: https://www.mc-i.de/keramik/bornitrid, aufgerufen am 20.02.2020

[160] Polymerservice Merseburg, URL: https://wiki.polymerservice-merseburg.de/index.php/Anisotropie, aufgerufen am 20.02.2020

Abbildungsverzeichnis

1 Geplante DC-Korridore in Deutschland (links) ([25]) und Europa (rechts) ([26]) 7
2 Schematischer Aufbau von HGÜ-Verbindungen ([2] (S. 12)) 7
3 Mögliche Ausführungen von HGÜ-Stationen und -Systemen ([2]) . . 11
4 HDÜ- und HGÜ-Kabeltechnologien mit maximal zulässiger Nennspannung [27] 11
5 Feldstärkeverläufe $E_{t=0}(r)$ und $E_{t-}(r)$ für Gleichspannungskabel im Leerlauf ($I = 0, \Delta T = 0$) und bei Volllast ($I = 1500\,A, \Delta T \approx 25\,K$) . 12
6 Beanspruchung eines DC-Kabels im Nennbetrieb 13
7 Darstellung des resultierenden Stroms im Isolierstoff unter Gleichspannungsbeanspruchung [151] 15
8 Energieniveauschema für polymere Werkstoffe (nach [37], [40]) . . . 19
9 Schematischer Verlauf der Stromdichte in polymeren Isolierstoffen bei anliegender Gleichspannung [43] 24
10 Effekte zur Aktivierung von Elektronen in Leitungsniveaus von polymeren Isolierstoffen [23], [37], [43] 28
11 Schematische Darstellung der Haftstellenleitung durch Hüpfen oder Tunneln [38](S. 400) 30
12 Prüfaufbau zur Bestimmung des spezifischen Durchgangswiderstands nach DIN EN 62631-3-1 (VDE 0307-3-1):2017-01 [65] 38
13 Prinzip der PDC-Analyse: Spannungsverlauf (links) und Stromverlauf als Sprungantwort (rechts) ([66]) 40
14 Scheinbare elektrische Leitfähigkeit κ_S für LDPE bei $\vartheta = 60\,°C$ und $80\,°C$ 42
15 Elektrische Leitfähigkeit κ für LDPE bei $\vartheta = 50, 60, 80$ und $90\,°C$ (eigene Messungen) 43
16 Einfluss der Koeffizienten α (oben links), β (oben rechts) und κ_0 (unten) auf die elektrische Leitfähigkeit $\kappa(r, \vartheta, E = 10\,kV/mm)$ nach Formel 54 44
17 Gegenüberstellung der empirischen Funktion mit Messwerten für $E = 10\,kV/mm$ (links) und $20\,kV/mm$ (rechts) 45
18 Absolute Temperaturverteilung $\vartheta(r)$ über Innenleiter, Isolierstoff und Umgebung eines Hochspannungskabels bei einer Umgebungstemperatur $\vartheta_{umg} = 20°\,C$ 51

19 Block-Diagramm für PEA-Verfahren zur Raumladungsmessung (nach [102]) [2] (S. 150) 54
20 Schematische Darstellung der homopolaren Ladungsträger und deren Dichte im polymeren Isolierstoff nach Backhaus [151] 55
21 Messsignale $u(t)$ von LDPE ($d \approx 1\,mm$) in homogener Isolierstoffanordnung nach PEA-Verfahren bei $U_{Prüf,DC} = +15\,kV$ und $\vartheta = 20\,°C$. 58
22 Gemessene Raumladungsverteilung von LDPE ($d \approx 1\,mm$) in homogener Isolierstoffanordnung nach PEA-Verfahren bei $U = \pm 15\,kV$ und $\vartheta = 20°\,C$
(links: positive Spannung, rechts: negative Spannung) (A - Anode, K - Katode) 59
23 Messkurven zum Einfluss der Prüfspannung auf die Raumladungsdichteverteilung in LDPE 60
24 Schallgeschwindigkeit c^* für LDPE + x Vol.-% h-BN 61
25 Modell 1 mit $\varrho_0 = 0,1\,C/m^3, \alpha = \pi$ für homopolare (links) und heteropolare Raumladungen (rechts) 63
26 Elektrische Feldstärkeverteilungen für Modell 1 mit $\varrho_0 = 0,1\,C/m^3, \alpha = \pi$ für homopolare (links) und heteropolare Raumladungen (rechts) . 64
27 Fitting der Ansatzfunktion (rechts) auf Grundlage einer eigenen Messkurve bei $E = 15\,kV/mm$ und $\vartheta = 20°\,C$(links) 64
28 Modell 4 mit $+\varrho_0, n = 55, \alpha = 2\pi$ und $\varrho_1 > 0$ (links) und zugehörige elektrische Feldstärkeverteilung $E(r)$ (rechts) (homopolar) 65
29 Modell 4 mit $-\varrho_0, n = 55, \alpha = 2\pi$ und $\varrho_1 > 0$ (links) und zugehörige elektrische Feldstärkeverteilung $E(r)$ (rechts) (heteropolar) 66
30 Modell 2 mit $n = 55, \alpha = 2\pi$ und $\beta < 0$ (links) und $\beta > 0$ (rechts) (homopolar) 67
31 Modell 2 mit $n = 55, \alpha = 2\pi$ und $\beta < 0$ (links) und $\beta > 0$ (rechts) (heteropolar) 67
32 Modell 3 mit $n = 55, \alpha = 2\pi$ und $v > 0$ (links: homopolar, rechts: heteropolar) 67
33 Vorgehensweise zur numerischen Berechnung der elektrischen Feldstärke im stationären Zustand als elektrostatisches Feldproblem . . 72
34 Temperaturverteilung $\vartheta(r)$ in Abhängigkeit des Innenleiterstroms 74
35 Raumladungsdichteverteilung $\varrho_1(r)$ in Abhängigkeit des Innenleiterstroms 74

36 Raumladungsdichteverteilung $\varrho(r)$ in Abhängigkeit des Innenleiterstroms . . . 74

37 Elektrische Feldstärkeverteilung $E(r)$ in Abhängigkeit des Innenleiterstroms . . . 74

38 Elektrische Leitfähigkeitsverteilung $\kappa(r)$ für unterschiedliche Grundleitfähigkeiten κ_0 für $I = 1500\,A$ . . . 76

39 Resultierende elektrische Feldstärkeverteilung $E(r)$ für unterschiedliche Grundleitfähigkeiten κ_0 für $I = 1500\,A$ . . . 76

40 Temperaturverteilung $\vartheta(r)$ in Abhängigkeit von λ für $I = 1500\,A$ . . . 77

41 Elektrische Leitfähigkeit $\kappa(r)$ in Abhängigkeit von λ für $I = 1500\,A$ . . 77

42 Resultierende elektrische Feldstärkeverteilung $E(r)$ in Abhängigkeit von λ für $I = 1500\,A$ . . . 77

43 Wechselwirkungen und schematische Darstellung der Veränderung der elektrischen, thermischen und mechanischen Eigenschaften von Kunststoffcompounds mit steigendem Füllstoffgehalt [77] (S. 25) . . 81

44 Struktur von hexagonalem Bornitrid h-BN [101] . . . 88

45 Schneckenaufbau im Doppelschneckenextruder (DSE) für die Herstellung von Compounds [77] (S. 43) . . . 90

46 Resultierende Partikelverteilung im Dünnschnitt einer Probeplatte LDPE + 5 Vol.-$\%$ BN mittels Durchlichtmikroskopie [89] . . . 91

47 Resultierende Partikelverteilung im Dünnschnitt einer Probeplatte LDPE + 5 Vol.-$\%$ BN mittels Computertomographie . . . 92

48 Richtungsabhängige Wärmekapazität c von LDPE + x Vol.-$\%$ h-BN für $\vartheta = 20\,^\circ C$ (links) und $80\,^\circ C$ (rechts) . . . 94

49 Richtungsabhängige Temperaturleitfähigkeit α von LDPE + x Vol.-$\%$ h-BN für $\vartheta = 20\,^\circ C$ (links) und $80\,^\circ C$ (rechts) . . . 95

50 Richtungsabhängige Wärmeleitfähigkeit λ von LDPE + x Vol.-$\%$ h-BN für $\vartheta = 20\,^\circ C$ (links) und $80\,^\circ C$ (rechts) . . . 95

51 Relative Permittivität von LDPE + x Vol.-$\%$ h-BN in Abhängigkeit der Temperatur . . . 97

52 Elektrische Leitfähigkeit κ für LDPE, LDPE + $5, 10, 15$ und 20 Vol.-$\%$ h-BN bei $60\,^\circ C$ (links) und $80\,^\circ C$ (rechts) . . . 98

53 Elektrische Leitfähigkeit κ für LDPE, LDPE + $5, 10$ und 20 Vol.-$\%$ h-BN bei $90\,^\circ C$ . . . 99

54 Gemessene Raumladungsdichteverteilung in LDPE (links) und LDPE + 15 Vol.-% h-BN mit $d \approx 1\,mm$ in homogener Isolierstoffanordnung nach PEA-Verfahren bei $U = -15\,kV$ und $\vartheta = 20°\,C$ (A - Anode, K - Katode) . . . 100
55 DC-Durchschlagsspannung von LDPE für $\vartheta = 70$ - $100\,°\,C$ . . . 102
56 AC-Durchschlagsspannung $\hat{U}_d$ von LDPE, $\vartheta = 20$ - $60\,°\,C$ . . . 102
57 AC-Durchschlagsspannung $\hat{U}_d$ von LDPE + h-BN, $\vartheta = 20\,°\,C$ . . . 102
58 Verbesserung (di-) elektrischer Eigenschaften durch die Compoundierung von LDPE mit h-BN . . . 104
59 Übersicht zur Herstellung von langen Energiekabeln aus LDPE ([4], [6], [28], [29], [30], [31], [32], [33], [35]) . . . 137
60 Herstellung einer HS-VPE-Kabelader durch Dreifachextrusion im Horizontalverfahren [130] (S. 272) . . . 139
61 Strukturbereiche in vernetztem Polyethylen (VPE) . . . 141
62 Scheinbare elektrische Leitfähigkeit κ_S für LDPE, LDPE + $5, 10, 15$ und
20 Vol.-% h-BN bei $60\,°\,C$ . . . 147
63 Scheinbare elektrische Leitfähigkeit κ_S für LDPE, LDPE + $5, 10, 15$ und
20 Vol.-% h-BN bei $70\,°\,C$ . . . 148
64 Scheinbare elektrische Leitfähigkeit κ_S für LDPE, LDPE + $5, 10, 15$ und
20 Vol.-% h-BN bei $80\,°\,C$ . . . 149
65 Scheinbare elektrische Leitfähigkeit κ_S für LDPE, LDPE + $5, 10, 15$ und
20 Vol.-% h-BN bei $90\,°\,C$ . . . 150

Tabellenverzeichnis

1 Realisierte und geplante europäische HGÜ-Kabeltrassen 9
2 Größenordnung einiger Haftstellentiefen [23] (S. 20) 20
3 Elektronendichte und intrinsische elektrische Leitfähigkeit für verschiedene Temperaturen im VPE 29
4 Analysemethoden zur Feldberechnung 36
5 Analoge Größen skalarer Potentialfelder 46
6 Parameter für analytische Berechnung der absoluten Temperaturverteilung eines Einleiter-Gleichspannungskabels für $320\,kV$ 50
7 Messmethoden zur Erfassung von Raumladungsdichteverteilungen ([64] (S. 21), [75]) 53
8 Materialparameter für FEM-Modell Einleiter-Gleichspannungskabel 70
9 Formeln zur Berechnung des Wärmeübergangskoeffizienten ([73]) . 70
10 Wärmeübergangskoeffizient in Abhängigkeit der Temperatur 71
11 Maximaler Innenleiterstrom I in Abhängigkeit von der thermischen Leitfähigkeit λ des Isolierstoffs unter Einhaltung der maximalen Temperatur von $70\,^\circ C$ im Isolierstoff 78
12 Werkstoffkennwerte verschiedener Füllstoffmaterialien (auszugsweise aus [77] (S. 21)) 83
13 Verwendung von h-BN zur Erhöhung der Wärmeleitung in Polymeren 86
14 Verwendung von h-BN in polymeren Kabelmantelmaterial 86
15 Verwendung von h-BN in elektrischen Isolierstoffen 86
16 Materialeigenschaften von Lupolen 1800S [92] 87
17 Materialeigenschaften von HeBoFill Bornitrid 641 89
18 Ermittelte Dichte der Compounds LDPE + h-BN 93
19 Peroxide zur Vernetzung von PE und deren Vernetzungsrückstände ([6]) 140
20 Übersicht über numerische Verfahren zur Feldberechnung ([58] (S. 87)) 145

A Symbol- und Abkürzungsverzeichnis

Symbole

U	Spannung (in V)	P	Leistung (in W)
I	Strom (in A)	P_V	Verlustleistung (in W)
f	Frequenz (in Hz)	C	Kapazität (in F)
φ	Potential (in V)	ℓ	Länge (in m)
R	elektrischer Widerstand (in Ω)	Q	Ladung (in C)
E	elektrische Feldstärke (in V/m)	$\dot{q}$	Wärmestrom (in W)
E_m	mittlere elektrische Feldstärke (in V/m)	E_h	elektrische Höchstfeldstärke (in V/m)
ϑ	Temperatur in ($^\circ C$)	T	absolute Temperatur (in K)
ϑ_{umg}	Umgebungstemperatur in ($^\circ C$)	ϑ_i	Innenleitertemperatur in ($^\circ C$)
e	Elementarladung (in C)	μ	Beweglichkeit (in $m^2/(V \cdot s)$)
t	Zeit (in s)	t_H	Verweildauer von Elektronen in Haftstellen (in s)
J	Stromdichte (in A/m^2)	D_n	Fickscher Diffusionskoeffizient (in m^2/s)
τ	Zeitkonstante (in s)	A	Fläche (in m^2)
κ	elektrische Leitfähigkeit (in S/m)	κ_S	scheinbare elektrische Leitfähigkeit (in S/m)
V	Volumen (in m^3)	c	spezifische Wärmekapazität (in J/kgK)
ε	Permittivität (in $A \cdot s/(V \cdot m)$)	ε_0	elektrische Feldkonstante
ε_r	relative Permittivität	W	Energie (in J)
ϱ	Raumladungsdichte (in C/m^3)	ΔW	Energiedifferenz (in $eV = J$)

σ	Flächenladungsdichte (in C/m^2)	$grad$	Gradient
λ	Wärmeleitfähigkeit (in W/mK)	div	Divergenz
r	Radius (in m)	rot	Rotor
r_1	Innenleiterradius (in m)	r_2	Außenleiterradius (in m)
$n, n(x)$	Ladungsträgeranzahl/-dichte	n_0	Dichte aller thermisch aktivierbaren Elektronen im Abstand W zum Leitungsband
ν	Escape-Frequenz	$\overrightarrow{D}$	dielektrische Verschiebungsflussdichte im Vakuum (in C/m^2)
Φ	Füllstoffanteil (in Vol.-$\%$)	N_t	Anzahl Haftstellen im Polymer
Φ_m	Austrittsarbeit (in eV)	W_A	Elektronenaffinität des Dielektrikums (in eV)
W_0	Elektronenaustrittsarbeit aus Katode ins Vakuum (in eV)	k	Boltzmann-Konstante
Γ	Abstand zweier Haftstellen	$N_H(\Gamma)$	energiebezogene Haftstellentiefe
B	magnetische Flussdichte (in T)	ρ	spezifischer elektrischer Widerstand (in Ω/m)
ρ_D	Dichte (in kg/m^3)	d	Dicke (in m)
$c*$	Schallgeschwindigkeit (in m/s)		

Abkürzungen

HGÜ	Hochspannungsgleichstrom-übertragung	SCLC	Space Charge Limited Conduction
HDÜ	Hochspannungsdrehstrom- -übertragung	WKA	Windkraftanlage
LCC	Line-Commutated-Converter	DSE	Doppelschneckenextruder
VSC	Voltage-Source-Converter	DGL	Differentialgleichung
IGBT	insulated-gate bipolar transistor	pDGL	partielle Differentialgleichung
PE	Polyethylen	FEM	Finite-Elemente-Methode
VPE	vernetztes Polyethylen	CSM	Charge Simulation Method
LDPE	low-density polyethylene	PDC	Polarisation-/Depolarisation-Current
BN	Bornitrid	DIN	Deutsches Institut für Normung
h-BN	hexagonales Bornitrid		
AC	Alternating current (Wechselstrom)	EN	Europäische Norm
DC	Direct current (Gleichspannung)	ISO	International Organization for Standardization
GIL	gasisolierte Leitung	VDE	Verband der Elektrotechnik, Elektronik und Informationstechnik
MI	masseimprägniert	TSM	Thermal Step Method
EBA	Ethylen-Butyl-Acrylat	PEA	Pulsed Electro-Acoustic Method

EEA	Ethylen-Ethyl-Acrylat
CTA	Chain Transfer Agent
LIPP	Laser induced Pressure Propagation
PIPWP	Piezoelectric induced pressure wave propagation
PWP	Pressure Wave Propagation

B Anhang

B.1 Herstellungsprozess von extrudierten Energiekabeln aus VPE

Um die Optimierung eines polymeren HGÜ-Kabels zu betrachten, wird in diesem Abschnitt der vollständige Herstellungsprozess eines polymeren Energiekabels dargestellt. Dafür enthält **Bild 59** eine Übersicht (bzw. Reihenfolge) zur Herstellung von langen Energiekabeln aus vernetztem Polyethylen.

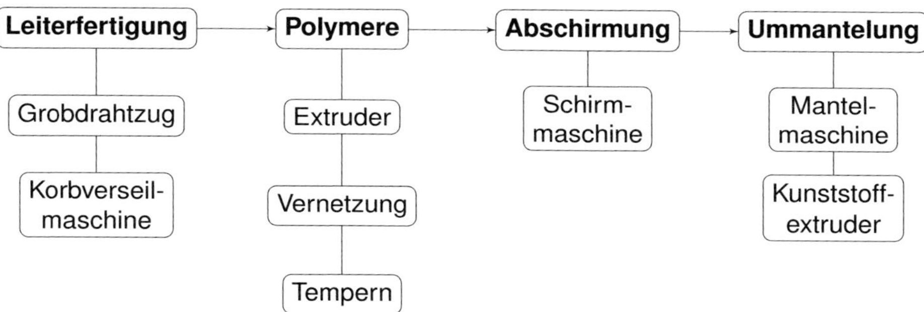

Bild 59: Übersicht zur Herstellung von langen Energiekabeln aus LDPE ([4], [6], [28], [29], [30], [31], [32], [33], [35])

B.2 Leiterfertigung

Im ersten Schritt der Leiterfertigung findet, je nach Ausführung des Innenleiters, ein **Grobdrahtzug** von Kupfer- oder Aluminiumrohdraht, der sich auf *Coils* befindet, statt. Dazu wird der Draht von den Coils mittels einer *Zugmaschine* gezogen, bis sich dieser in den Fließbereich erwärmt. Während des Prozesses werden Inhomogenitäten von der Oberfläche entfernt und es verkleinert sich sukzessiv der Drahtdurchmesser. Gleichzeitig erhöht sich durch die Veränderung der Gefügestruktur die Härte des Drahts. [4], [35]

Um die Weiterverarbeitung des Drahts mit einer geringeren Härte zu gewährleisten, muss dieser anschließend in einem kontinuierlichen Prozess weichgeglüht werden. Dazu wird der Draht aus der Zugmaschine der *elektrischen Glühe* zugeführt. [4], [35]

Abschließend wird der weichgeglühte Leiterdraht auf Spulen (oder Kronen) gewickelt und steht als Ausgangsmaterial für die **Korbverseilmaschine** zur Verfügung. Diese besteht aus einem Zentraleinlauf, mehreren Körben mit einer unterschiedlichen Anzahl von Spulen (z.B. 12, 18, 24 und 30 Spulen), einem Walzenverdichter, Doppelscheibenabzugsrad und einem Aufwickler. [4], [35]

Durch den *Zentraleinlauf* wird ein Leiterdraht bereitgestellt, der anschließend durch die *Körbe* geführt und so in einem mehrstufigen Prozess verseilt wird. Auf den Körben befinden sich die Drahtspulen, deren Drehrichtung alternierend ist. Ihre Anzahl ist vom geforderten Leiterquerschnitt abhängig [4]. Im *Walzenverdichter* wird der Leiter so geformt und verdichtet, dass keine Lücken oder Spalten zwischen den Einzeldrähten zurückbleiben [28]. Zudem wird eine glatte Oberfläche erzeugt [28]. Anschließend wird der Leiter im darauffolgenden *Doppelscheiben-Abzugsrad* mit Zugkräften beansprucht, im *Aufwickler* mit halbleitendem, quellfähigem Band umwickelt und auf eine Kabeltrommel aufgewickelt. [35]

Durch die kontinuierliche Produktion können Leiter bis zu 20 - $30km$ gefertigt werden, wobei durch Verschweißung der Einzeldrähte noch größere Leiterlängen realisierbar sind [28], [35].

B.3 Polymere: Isolierung und Leitschichten

Die für die inneren und äußeren Leitschichten verwendeten **Ausgangsmaterialien** (Granulat als Ausgangsmaterial) bestehen aufgrund der erforderlichen Füllstoffverträglichkeit aus Ethylencopolymerisaten mit Acrylatanteil (z.B. Ethylen-Butyl-Acrylat EBA oder Ethylen-Ethyl-Acrylat EEA). Um eine hohe elektrische Leitfähigkeit zu erreichen, wird dem Polymer Ruß mit etwa 35 bis $50\,Gew. - \%$ zugemischt. Diese Leitschichten dienen zum einen der Reduzierung (Homogenisierung) lokaler Feldstärkeüberhöhungen an Innen- und Außenleiter. Zum anderen sollen die Leitschichten aber auch einen spaltfreien Übergang zwischen Leiter und Dielektrikum realisieren. Dafür sind gleiche Wärmeausdehnungskoeffizienten der Polymere von Leitschichten und Isolierung notwendig, um vergleichbare thermomechanische Eigenschaften zu erzielen. [29], [31]

Ausgangsmaterial für den Isolierstoff ist ein Granulat aus thermoplastischem "low-density polyethylene (LDPE)", wobei häufig das Granulat auch als Fertigmischung aus LDPE und den Peroxiden als Vernetzungsmitteln als Ausgangsmaterial für den Extrusionsprozess verfügbar ist [32], [35].

Die gleichzeitige Herstellung des polymeren Isolierstoffs sowie der inneren und äußeren Leitschichten erfolgt durch den Prozess der Dreifachextrusion, d.h. die gleichzeitige Extrusion aller drei Schichten. Je nach Hersteller findet die Fertigung im Vertikal- oder Horizontalverfahren statt. Die schematische Darstellung der Herstellung einer polymeren Hochspannungs-Kabelader durch Dreifachextrusion im Horizontalverfahren ist in **Bild 60** dargestellt.

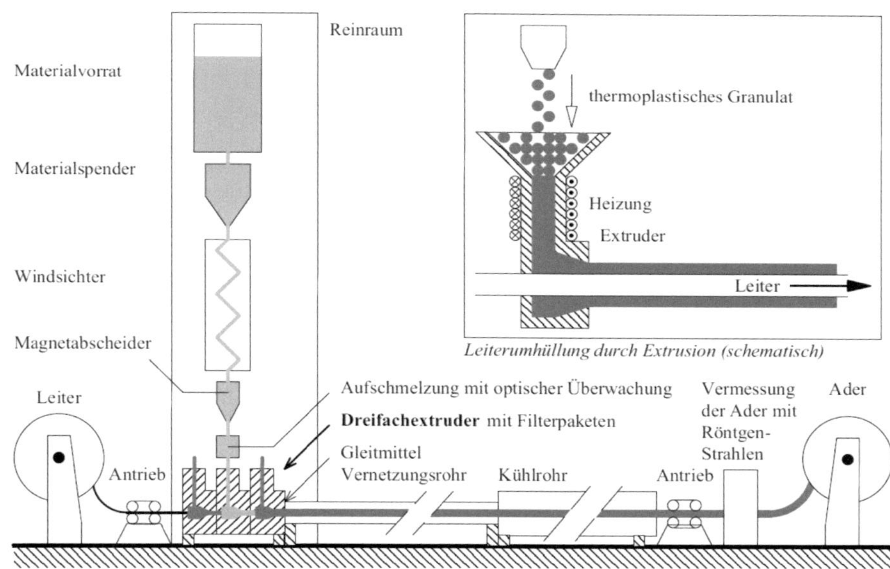

Bild 60: Herstellung einer HS-VPE-Kabelader durch Dreifachextrusion im Horizontalverfahren [130] (S. 272)

Zunächst wird das jeweilige Granulat im zugehörigen **Vorratsbehälter** senkrecht oberhalb des Extruders zugeführt und gelangt über ein Fallrohr mit **Windsichter** und **Magnetabscheider** (zum Entfernen von Fremdstoffpartikeln und Abrieb) in den jeweiligen *Extruder*. [29], [35]

Im **Extruder** wird das zugeführte Granulat mittels rotierender Schnecke durch den Extrusionszylinder geführt, wo es durch externe Wärme, Scher- und Reibungskräfte erhitzt, aufgeschmolzen und homogenisiert wird [32]. Dabei kann eine exakte

Temperaturführung durch Heiz- und Kühlzonen realisiert werden [29]. Zudem halten Extrusionssiebe noch mögliche vorhandene Verunreinigungen der Schmelze zurück [29]. Aufgrund dieser Verunreinigungen und der Gefahr von Anvernetzungen ist eine Reinigung des Extrusionszylinders bzw. der Siebe nach maximal $20\,km$ notwendig [6]. [35]

Anschließend wird im **3-fach-Extrusionskopf** die Schmelze aus den drei Teilextrudern durch verschiedene Kanäle in den Spritzkopf geführt, welche die jeweilige Schmelze um den Leiter aufbringt [32]. Die extrudierte Ader läuft nach Verlassen des Extruderkopfs direkt in das elektrisch, auf $200°\,C$ erwärmte **Vernetzungsrohr**, wo die peroxidhaltige Schmelze (Peroxid z.B. als Dicumylperoxid oder A,a'-bis(tertbutylperoxy)-dissopropylbenzene) des Isolationsmaterials chemisch vernetzt wird [29]. Nach der Vernetzung wird das extrudierte Kabel einem Kühlrohr zugeführt, wo eine definierte Abkühlung (ohne zusätzliches Kühlmittel) in verschiedenen Zonen stattfindet. Zur Vermeidung von Entgasung und Porenbildung wird der gesamte Extrusions- und Abkühlprozess einem Überdruck von 10 - $16\,bar$ betrieben [33]. [35]

Während der chemischen Vernetzung zerfällt das zugeführte bzw. enthaltene Peroxid und es bilden sich Radikale aus. Diese spalten im weiteren Prozess Wasserstoff von den Kohlenstoffverbindungen des Polymermoleküls ab, sodass an den frei gewordenen Valenzen sich wiederum Querverbindungen zwischen den Molekülketten ausbilden, die eine räumliche Vernetzung des Polymers hervorrufen [31] (S. 11). **Tabelle 19** ([6]) zeigt die in Abhängigkeit des verwendeten Peroxids entstandenen Vernetzungsrückstände.

Tabelle 19: Peroxide zur Vernetzung von PE und deren Vernetzungsrückstände ([6])

Peroxid	Dicumylperoxid	A,a'-bis(tertbutylperoxydissopropylbenzene)
Zersetzungsprodukte	Acetophenon Cumylalkohol α-Methylstyrol Methan Ethan Wasser	Tert. Butanol 1,3-bis(hydroxyisopropyl)benzol 1,3-diacetylbenzol 1-acetyl-3-hydroxy(isopropylbenzol) Methan Ethan Wasser

Zur Entgasung dieser Reaktions-/Zersetzungsprodukte wird die extrudierte Ader nach dem Vernetzungsprozess einer **Temperkammer** mit einer Temperatur von 70

- $80° C$ für 1 - 4 Wochen zugeführt [4], [35].

Aufgrund des Vernetzungsprozesses entstehen im Polymer unterschiedlich lange Seitenketten in Form von Kurzkettenverzweigungen, die als Defektstellen die vollständige Kristallisation des Materials behindern [31] (S. 8). Daher weist vernetztes Polyethylen eine teilkristalline Struktur mit geordneten (kristallinen) und ungeordneten (amorphen) Phasen mit lamellenförmigem Aufbau auf (siehe **Bild 61**). Durch die lamellare Struktur der amorphen Phasen über zahlreiche Polymerketten wird eine hohe mechanische Festigkeit realisiert [31] (S. 9). Jedoch bestimmt die verhältnismäßig niedrige Schmelztemperatur der kristallinen Bereiche die maximal zulässige Betriebstemperatur des gesamten Polymers, wobei durch die Vernetzung (Seitenketten) des Polyethylens ein vollständiges Erweichen des Polymers bei höheren Temperaturen vermieden wird [31] (S. 10 - 11).

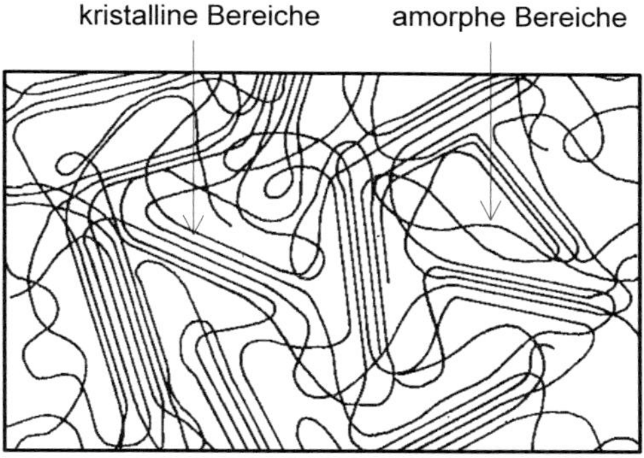

Bild 61: Strukturbereiche in vernetztem Polyethylen (VPE)

Um die geforderten elektrischen und mechanischen Eigenschaften des Kabelisolierstoffs zu realisieren, sind neben dem Basispolymer LDPE auch Zusatzstoffe (Additive) notwendig. So werden *Chain Transfer Agents (CTA)* (polar oder unpolar) zur Regulierung der Kettenlängen verwendet. Weiterhin sind Alterungsschutzmittel notwendig, um eine geforderte Lebensdauer des Isolierstoffs von mindestens 40 Jahren zu gewährleisten. [6]

Jedoch reduzieren alle Zusatzstoffe und Vernetzungsrückstände die Reinheit des Isolierstoffs, die einen wesentlichen Einfluss auf die elektrische Leitfähigkeit und Durchschlagsfestigkeit hat. Suzuki et. al. [140] untersuchten den Zusammenhang zwischen Raumladungen und elektrischer Durchschlagsfeldstärke von LDPE und XLPE unter hohen elektrischen Feldstärken ($\approx 100\,kV/mm$). Sie stellten einen starken Einfluss der Vernetzungsrückstände (acetophenone, α-methylstyrene, cumalcohol) und des Wärmeeintrags während der Entgasung unter Vakuum fest. Im Rahmen ihrer Messungen zeigte sich, dass die Anzahl injizierter Ladungsträger bei unter Raumtemperatur entgastem XLPE geringer ist als bei $80^{\circ}\,C$. [140].

B.4 Abschirmung

Nach erfolgter Extrusion wird die Kabelader in eine **Schirmmaschine** gezogen. In dieser Maschine wird zunächst im *Wickler* ein quellfähiges Band als Wassersperre und Polster um die Ader gewickelt [29]. Anschließend werden einzelne Schirmdrähte aus einem rotierenden *Korb* um die Ader gesponnen, die im *Kupferbandwickler* mit Bändern fest verbunden werden [4]. [35]

B.5 Ummantelung

Als letzter Schritt wird mittels Mantelmaschine und Kunststoffextruder die Ummantelung zum Schutz gegenüber äußeren mechanischen und atmosphärischen Einwirkungen aufgebracht. In der **Mantelmaschine** wird copolymerbeschichtetes Aluminiumband von speziellen Formwerkzeugen in Längsrichtung um die extrudierte Ader gelegt. An der Überlappungsstelle zweier Teilstücke wird der Mantel verklebt. [4], [35]

Im **Kunststoffextruder** wird ein PE-Außenmantel aus einem PE-Granulat aufgebracht. Je nach Anforderungen können weitere Funktionsschichten, wie z.B. eine Flammschutzschicht oder weitere Schichten bei Seekabeln, gefertigt werden [4], [33], [35].

B.6 Fazit zur HGÜ-Kabeloptimierung

Die Herstellung von langen polymeren Energiekabeln ist in den Schritten der Leiterfertigung, Abschirmung und Ummantelung unabhängig für HDÜ- und HGÜ-Anwendungen. Dagegen ist zur Optimierung eines HGÜ-Kabels für höhere Betriebsspannungen besonders der Extrusions- und Abkühlprozess der polymeren Isolation sowie deren stoffliche Beschaffenheit zu betrachten. So sind alle im Isolierstoff vorhandenen Vernetzungsrückstände, Spaltprodukte (siehe Tabelle 19) und Additive

Verunreinigungen, die einen wesentlichen Einfluss auf die (scheinbare) elektrische Leitfähigkeit von Isolierstoffen und deren elektrische Durchschlagsfeldstärke haben (z.B. [34], [140]). Deshalb besteht ein Ansatz zur Optimierung von HGÜ-Kabeln in der Realisierung einer besonders hohen Reinheit des Isolierstoffs. Durch eine im Vergleich zu HDÜ-Kabeln noch aufwändigere Entgasung ist es möglich, den Anteil an Vernetzungsrückständen zu reduzieren. Neben den Verunreinigungen bestimmt aber auch das Verhältnis von kristallinen zu amorphen Phasen die elektrische Leitfähigkeit κ des polymeren Isolierstoffs [124] (S. 6).

Ein zweiter Ansatz beinhaltet die Funktionalisierung von Kunststoffen durch Compoundierung. Dabei wird die Einstellung bestimmter Materialeigenschaften durch die Zumischung von Füllstoffen zum Basisisolierstoff realisiert. Dieser Ansatz wird im Rahmen der vorliegenden Arbeit verfolgt.

B.7 Arten der Feldberechnung und Prinzip der Finiten-Elemente-Methode

Im Folgenden wird das Prinzip der FEM anhand eines **zweidimensionalen** elektrischen Feldproblems für einen inhomogenen Stoff (mit $\varepsilon(x,y), \kappa(x,y) \neq konst.$) nachvollzogen.

Die feldbeschreibende Poisson-DGL

$$\Delta\varphi = -\frac{\varrho(x,y)}{\varepsilon(x,y)} \Rightarrow div[\varepsilon(x,y) \cdot grad\varphi(x,y)] = -\varrho(x,y) \tag{93}$$

lässt sich durch einen Koeffizientenvergleich mit der Euler-Langrange-DGL [60]

$$\frac{\partial F}{\partial \varphi} - \frac{\partial}{\partial x}\left(\frac{\partial F}{\partial \varphi'}\right) - \frac{\partial}{\partial y}\left(\frac{\partial F}{\partial \varphi'}\right) = 0 \tag{94}$$

in ein Funktional (bzw. ein *Energieintegral*)

$$I = \int_{(A)} \left[\frac{\varepsilon(x,y)}{2} \cdot grad^2\varphi - \varrho(x,y) \cdot \varphi\right] dA \tag{95}$$

aufstellen [58] (S. 95). Dabei entspricht A der Randfläche, über welcher der Potentialverlauf $\varphi(x,y)$ gesucht wird. Nach der Finite-Elemente-Methode wird diese Fläche A in j Teilbereiche (die *finiten Elemente* A_j) unterteilt, für die einzeln ein vereinfachter Ansatz zur Berechnung des Potentials gewählt wird:

$$\tilde{\varphi}_j(x,y) = \begin{cases} P_j(x,y) & \text{für } (x,y) \in A_j; \\ 0 & \text{sonst} \end{cases} \tag{96}$$

bzw. für den gesamten Feldbereich:

$$\varphi(x,y) = \sum_{j=1}^{n} \tilde{\varphi}_j(x,y).\text{[58] (S. 95)} \tag{97}$$

Durch Einsetzen des Ansatzes (**Formel 97**) in **Formel 95** ergibt sich für das zu minimierende Energieintegral I der Ausdruck [58]:

Tabelle 20: Übersicht über numerische Verfahren zur Feldberechnung ([58] (S. 87))

Inhalt	**Partielle Differentialgleichung**				**Variationsproblem**	**Integralformulierung**	
Verfahren	Monte-Carlo-Verfahren	**Differenzenverfahren**	globale Ansatzfunktionen	**Finite-Elemente-Methode (FEM)**	Kollokationsverfahren	Integralgleichungsverfahren	konforme Abbildung
Ansatz	Anwendung der Wahrscheinlichkeitsrechnung	Taylorreihenentwicklung	Verfahren des gewichteten Residuums (Galerkin)		Verfahren des gewichteten Residuums	numerische Integration	Abbildung nach Schwarz-Christoffel
Lösungsgebiet	geschlossen	geschlossen	geschlossen	geschlossen	geschlossen	offen	offen
Material	homogen, isotrop, linear	inhomogen, anisotrop, nichtlinear	homogen, isotrop, (nichtlinear)	inhomogen, anisotrop, nichtlinear			homogen, isotrop, linear
mögliche Zeitabhängigkeit	stationär	quasistationär	stationär	quasistationär			stationär
Koeffizientenmatrix		schwach besetzte Bandmatrix	voll besetzt	schwach besetzte Bandmatrix	schwach besetzte Bandmatrix	voll besetzt	
Näherungsmodell	Feld in einem Punkt	feldbeschreibendes algebraisches Gleichungssystem					Lösung im gesamten Feldgebiet

$$I = \int_{(A)} \left[\frac{\varepsilon(x,y)}{2} \cdot grad^2 \tilde{\varphi}_j(x,y) - \varrho(x,y) \cdot \tilde{\varphi}_j(x,y) \right] dA \tag{98}$$

$$= \sum_{j=1}^{n} I_j. \tag{99}$$

Physikalisch entspricht das aufgestellte Energieintegral dem Energieinhalt W des zu bestimmenden elektrischen Feldes [60] (S. 96). Für die finiten Elemente A_j werden je nach Dimension einfache und einheitliche Formen gewählt:

- für 2D: Dreiecke oder Vierecke
- für 3D: Tetraeder oder Prismen,

deren Größe von der elektrischen Höchstfeldstärke und der Homogenität des elektrischen Feldes der betrachteten Elektrodenanordnung abhängig sind. [58] (S. 96)

Im Bereich von (stärkeren) Inhomogenitäten und resultierenden (nichtlinearen) Feldstärkeänderungen ist der Feldraum durch kleinere Formen feiner zu unterteilen als in homogeneren Bereichen. Zudem werden innerhalb der einzelnen Elemente A_j konstante Stoffeigenschaften (d.h. $\varepsilon, \kappa = konst.$) angenommen und am Rand der Elemente Knotenpunkte gesetzt, deren Platzierung von der gewählten Form abhängig ist. Mit Hilfe der verwendeten Ansatzfunktion, die:

- linear: $\varphi = a + bx + cy$
- quadratisch: $\varphi = a + bx + cy + dx^2 + exy + fy^2$ oder
- kubisch: $\varphi = a + bx + cy + dx^2 + exy + fy^2 + gx^3 + hy^3$

ist, werden beginnend von einer Elektrode mit bekanntem, vorgegebenem Potential $\varphi(x_0, y_0, z_0) = \varphi_0$ (Randbedingung 1. Art) für alle finiten Elemente A_j die Potentialbeträge $\varphi_j(x_j, y_j, z_j)$ der zugehörigen Knotenpunkte ermittelt. Berechnungen (beispielsweise aus [60]) zeigen aber, dass sich die Ergebnisse der linearen Approximation in Form einer Treppenfunktion trotz feiner Diskretisierungen deutlich von den Ergebnissen der quadratischen Polynome unterscheiden, sodass bevorzugt quadratische Ansatzfunktionen verwendet werden. [58]

B.8 Messergebnisse: Scheinbare elektrische Leitfähigkeit für $60° C$

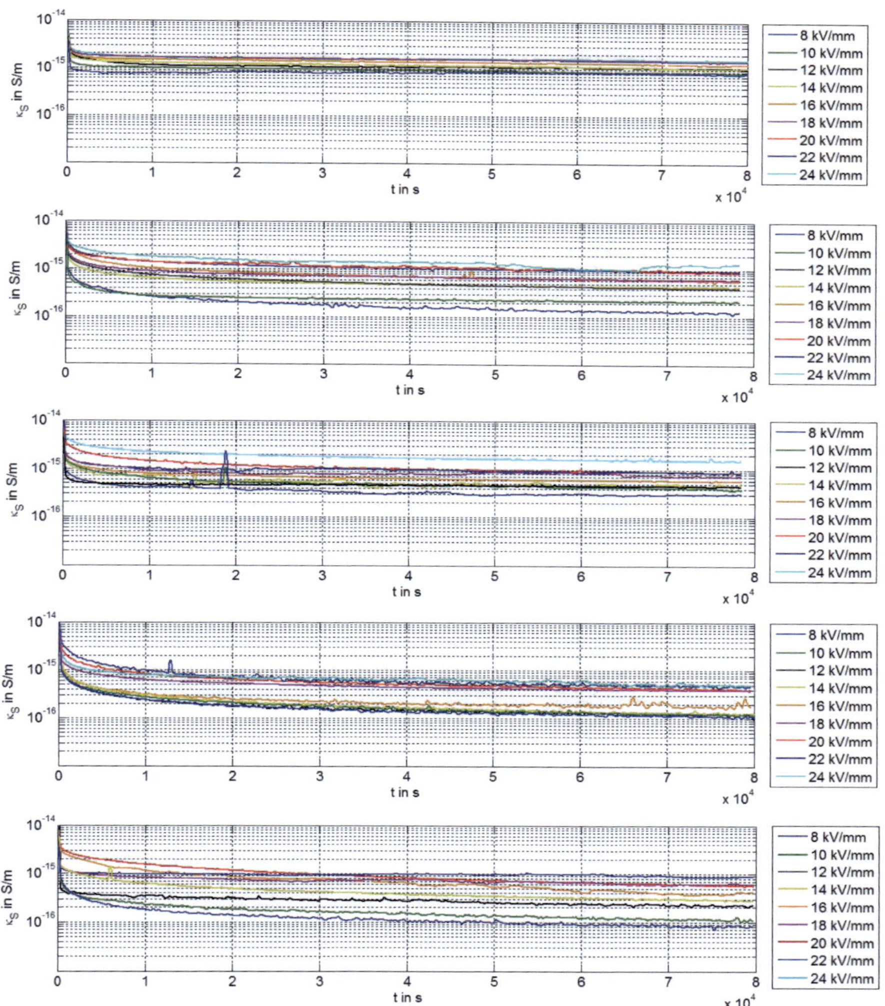

Bild 62: Scheinbare elektrische Leitfähigkeit κ_S für LDPE, LDPE + $5, 10, 15$ und 20 Vol.-$\%$ h-BN bei $60\,°\,C$

B.9 Messergebnisse: Scheinbare elektrische Leitfähigkeit für $70° C$

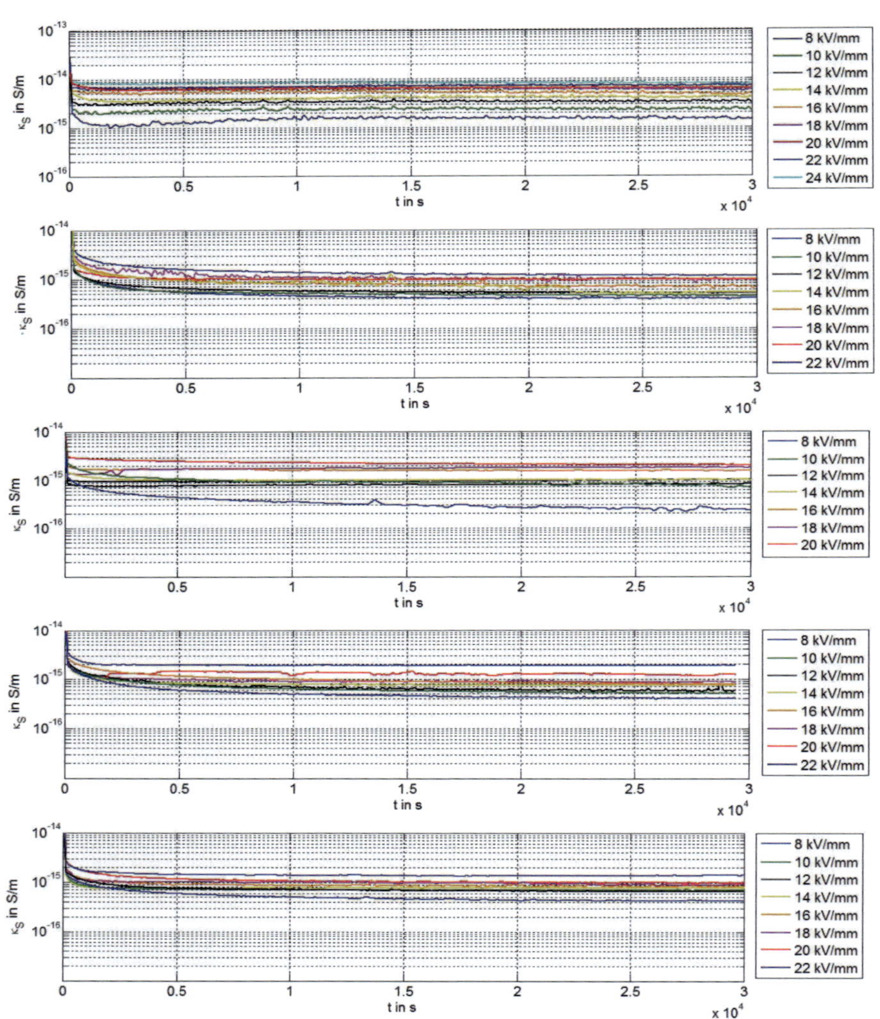

Bild 63: Scheinbare elektrische Leitfähigkeit κ_S für LDPE, LDPE + $5, 10, 15$ und 20 Vol.-$\%$ h-BN bei $70\,°\,C$

B.10 Messergebnisse: Scheinbare elektrische Leitfähigkeit für $80° C$

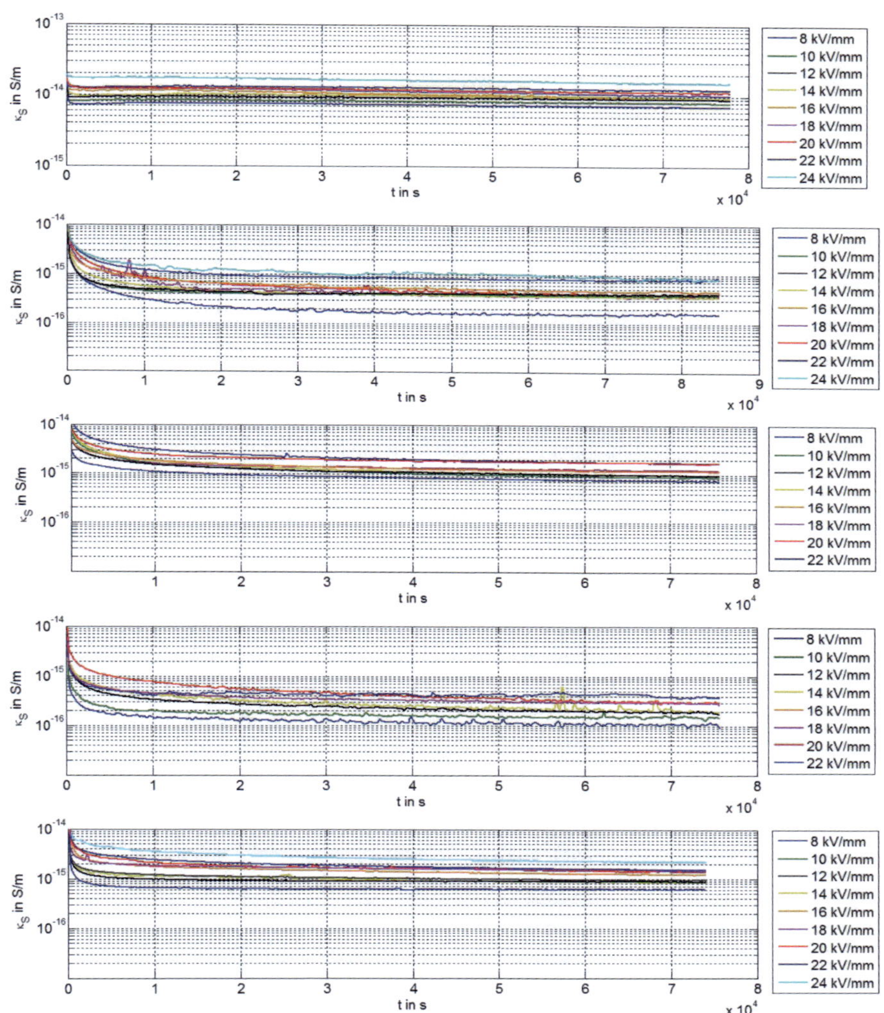

Bild 64: Scheinbare elektrische Leitfähigkeit κ_S für LDPE, LDPE + $5, 10, 15$ und 20 Vol.-% h-BN bei $80\,°\,C$

B.11 Messergebnisse: Scheinbare elektrische Leitfähigkeit für $90° \, C$

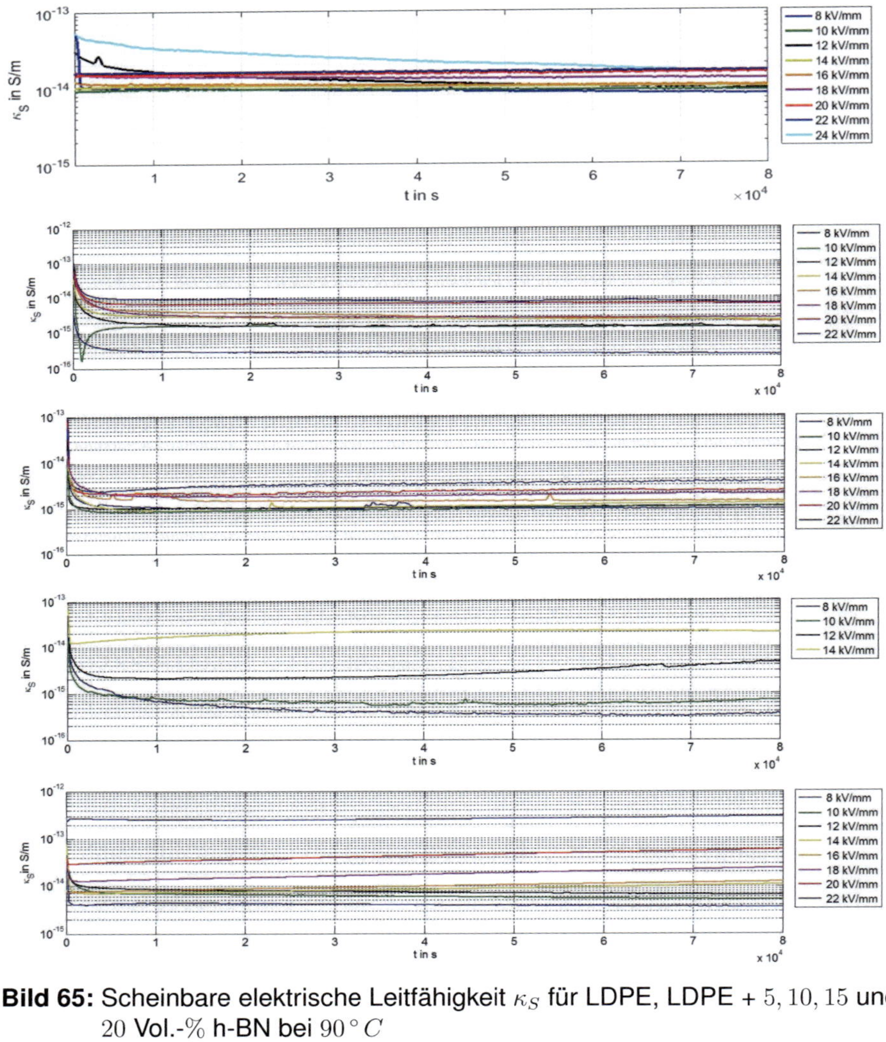

Bild 65: Scheinbare elektrische Leitfähigkeit κ_S für LDPE, LDPE + $5, 10, 15$ und 20 Vol.-$\%$ h-BN bei $90\,°\,C$